3. COLLOQUIUM DER
GESELLSCHAFT FÜR PHYSIOLOGISCHE CHEMIE
AM 26./27. APRIL 1952 IN MOSBACH/BADEN

DIE CHEMIE UND DER STOFFWECHSEL DES NERVENGEWEBES

MIT 23 TEXTABBILDUNGEN

Springer-Verlag Berlin Heidelberg GmbH

ISBN 978-3-662-01391-5 ISBN 978-3-662-01390-8 (eBook)
DOI 10.1007/978-3-662-01390-8

Ursprünglich erschienen bei Springer-Verlag OHG. Berlin · Göttingen · Heidelberg 1952

BRÜHLSCHE UNIVERSITÄTSDRUCKEREI GIESSEN

Begrüßung und Eröffnung.

Im Namen des Vorstandes unserer Gesellschaft begrüße ich Sie zu unserem diesjährigen Colloquium. Obwohl wir erst zum dritten Mal hier zusammenkommen, haben sich die „Mosbacher Colloquien" doch schon ein gewisses Ansehen erworben und sind zu einem Begriff für sachliche und offene Diskussion geworden, wo es uns nur darum zu tun ist, über das gestellte Thema klare Einsicht und Erkenntnis zu gewinnen, soweit es der gegenwärtige Stand der Forschung zuläßt. Jede Frage, jeder Einwand, der uns zwingt, die Probleme von möglichst vielen Seiten her zu überlegen und durchzudenken, ist willkommen. Deswegen freuen wir uns immer darüber, daß nicht nur physiologische Chemiker sondern auch Vertreter der Nachbardisziplinen nach Mosbach kommen und neue Anregungen mitbringen. Andererseits wollen wir aber verhüten, daß sich das Colloquium zu einem Kongreß ausweitet.

Diesmal ist unser Thema: „Die Chemie und der Stoffwechsel des Nervengewebes" Wie im vergangenen Jahr lehnen wir uns mit diesem Thema wieder an die Morphologie an.

Das Nervengewebe ist auf ganz spezielle Funktionen hin differenziert, nämlich die: Erregungen zu erzeugen, zu empfangen und zu schalten. Hier wird es besonders interessant sein, der Frage nachzugehen, wie sich diese Funktionen nicht nur im morphologischen, sondern auch im chemischen Aufbau widerspiegeln und welche von den allgemein möglichen und potentiell in jedem Protoplasma angelegten Prozessen nun für deren Erfüllung ausgewählt sind. Das Nervengewebe unterscheidet sich noch dadurch von allen anderen, daß die Fortsätze seiner Zellen wesentlich an Masse übertreffen, ein Umstand, der sich vielleicht auch im Chemismus auswirkt.

Es waren sechs Referate vorgesehen. Eines über die neueren Anschauungen von der Nervenleitung fällt aus, da Herr Dozent Dr. Stämpfli leider erkrankt ist. Er wird aber sein Manuskript für den Druck der Verhandlungen zur Verfügung stellen.

Hiermit ist das dritte Colloquium eröffnet und ich hoffe, daß Referate und Diskussionen viele Anregungen geben werden.

K. Felix.

Inhalt.

Chemische Komponenten der Nervenzelle und ihre Veränderungen im Alter und während der Funktion.

Von

Holger Hydén.

Aus dem Histologischen Institut der Medizinischen Hochschule, Göteborg C.

Mit 11 Textabbildungen.

Untersucht man die Funktion eines Teiles des Nervensystems, so dominieren beinahe immer zwei Gesichtspunkte, und zwar die Nervenimpulse und die synaptische Reizfähigkeit, d. h. man behandelt Ergebnisse, welche man durch neurophysiologische Technik erhalten hat.

Aber ebenso glaubhaft wie die neurophysiologische Hypothese, schreibt Young[44], kann der entgegengesetzte Satz sein, daß die Arbeitsweise der interessantesten Teile des Nervensystems erst begriffen werden kann, wenn man weiß, wie die Substanzen der Nervenzelle sich während des Lebens verändern. Die Auffassung, daß das lebende Gewebe ständig seine Substanz ändert, ist allgemein anerkannt, aber man sieht vielleicht nicht ein, daß diese ständige Veränderung die Grenze zwischen der ontologischen Entwicklung, die auf der Erblichkeit beruht, und dem Zustand während des adulten Lebens des Organismus radikal aufhebt. Die Nervenzelle teilt sich zwar nicht, ändert sich aber ständig in ihrer Substanz, und dieser stete Wechsel läßt sich mit der Arbeitsweise des Nervensystems gut vereinigen.

Man kann die Funktion des Nervensystems ebensogut von solch einem Gesichtspunkt aus betrachten, nämlich als Stoffwechselproblem, derart wie Schönheimer[39] in seinem klassischen Buch: „The dynamic state of body constituents".

Ich will in meinem Referat versuchen, die Resultate zu beleuchten, welche zeigen, wie die Nervenzelle quantitativ ihre Substanz im Anschluß an einen adäquaten Reiz, d. h. bei gesteigerter Funktion, ändert.

Der Kern.

Zunächst einige Worte über die Kernstrukturen der Nervenzelle, welche, mit Ausnahme des Nucleolus, bisher wenig Interesse auf sich gelenkt haben, trotz der dominierenden Stellung vom cytogenetischen Gesichtspunkt aus und trotz ihrer Bedeutung für die Stoffwechselprobleme und die Funktion des Neurons. Dieses nimmt vom genetischen Gesichtspunkt aus eine Sonderstellung ein, da es in einem frühen Stadium aufhört sich zu teilen und zu differenzieren und sich zur größten Zelleneinheit des Organismus entwickelt. Wegen des mangelnden Auflösungsvermögens der üblichen biochemischen Methoden gibt es noch wenige Arbeiten über die Zusammensetzung des Kernes. Auch zur Isolierung einzelner Nervenzellkerne scheint noch keine Methode befriedigend ausgearbeitet zu sein. Die Methode, welche MIRSKY und seine Mitarbeiter[3] im vorigen Jahr zur Isolierung von Kernen in wasserfreiem Medium und zur Bestimmung der Enzymaktivität entwikkelt haben, kann ein denkbarer Weg werden, wenn sie mit zellchemischen Methoden verbunden wird. Es handelt sich um eine Modifikation des von BEHRENS[9] ausgearbeiteten Verfahrens.

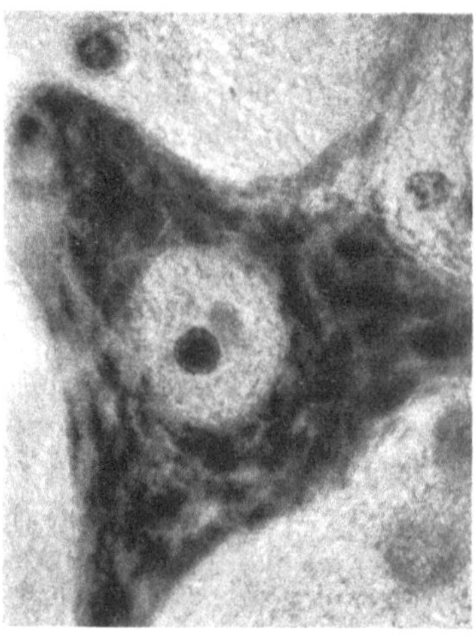

Abb. 1. Motorische Vorderhornzelle, Kaninchen, bei 2570 Å photographiert. Fixierung: CARNOYsche Lösung. Neben dem Nucleolus ist ein stärker als die umgebende Kernsubstanz absorbierendes Gebiet, das beim Männchen reichlicher entwickelt ist als beim Weibchen. Objektiv: Monochromat 2,5 mm. Vergr. 1150fach.

Einige der Kernstrukturen lassen sich bereits analysieren, welche anscheinend die genetische Sonderstellung der Nervenzelle abspiegeln.

So tritt auf einer Ultraviolettphotographie großer Ganglienzellen bei den meisten Säugetieren neben dem Nucleolus ein stärker als die umgebende Kernsubstanz absorbierendes Gebiet auf (Abb. 1), das sich auch kräftiger mit sauren Farbstoffen färbt. Es gibt ein charakteristisches Absorptionsspektrum, welches das Vorkommen von Pentosenucleinsäuren sowie von Eiweißstoffen anzeigt. Dieses Eiweiß ist reich an freien basischen Gruppen, erinnert in seiner Zusammensetzung an heterochromatische Chromosomenteile bei verschiedenen Zweiflüglern und ist beim Männchen reichlicher vorhanden als beim Weibchen[29]. Dies macht eine Korrelation zum y-Chromosom wahrscheinlich. Das Gebiet wird geeigneterweise als ein heterochromatisches Gebiet definiert und ist beim Kaninchen untersucht worden. Es reagiert mit quantitativen Veränderungen, z. B. bei kräftiger Stimulation[25] und bei Virusinfektion[30], wobei sich die Menge der heterochromatischen Substanz in auffälliger Weise vermehren kann.

Ehe der Nucleolus sich entwickelt, kann als weitere Kernstruktur ein kompaktes Chromozentrum beobachtet werden, das in mehrere feulgenpositive Partikel gesprengt wird, wenn Pentosenucleinsäuren im Nucleolus entstehen[29]. Einer von diesen Partikeln scheint etwas größer zu sein und ist von Barr und Bertram[4, 5] als ein Satellit bezeichnet worden. Diese Struktur ist vor allem bei Nervenzellen des Weibchens, aber nur schwach beim Männchen entwickelt. Der Satellit wird von Barr und Bertram als ein Derivat des x-Chromosoms angesehen. Er kann auch bei den Gliazellen, und zwar mit demselben Unterschied der Geschlechter, wahrgenommen werden[6]. Bei einer elektrischen Stimulation des Neurons konnte beobachtet werden, daß der Satellit zur Kernmembran hinwandert, daß er aber später an seinen Platz dicht am Nucleolus zurückkehrt[4].

Gibt es strukturelle Veränderungen, welche darauf hindeuten, daß der Kern die Vorgänge im Cytoplasma dirigiert? Auf verschiedene solche Beobachtungen, welche in der älteren Literatur gesammelt sind, will ich hier nicht eingehen. Eindeutig läßt sich dieser Zusammenhang zwischen Veränderungen im Kern der Nervenzellen, vor allem im Nucleolus, und den Pentosenucleoproteiden des Cytoplasmas an den Ganglienzellen von Lophius piscatorius studieren[28] (Abb. 2).

Auf Abb. 2 sieht man neben der Ultraviolettphotographie Absorptionsspektren, welche in den angezeigten Punkten vom Nucleolus zur stark gefalteten Kernmembran hin aufgenommen worden sind. Die Extinktionswerte für die absorbierenden Aminosäuren zeigen einen Gradienten vom Nucleolus zur Kernmembran.

Das kann als ein Beweis für die Steuerwirkung des Kerns und besonders des Nucleolus bei der Bildung der Pentosenucleoproteide

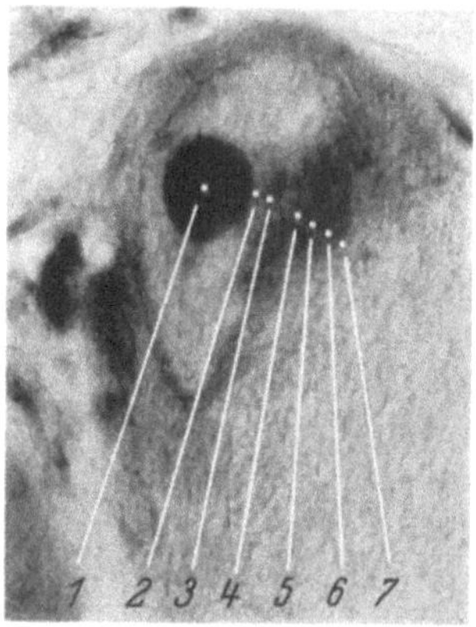

a

des Cytoplasmas gedeutet werden. Diese werden nämlich gleichzeitig in großen Mengen an der Außenseite der Kernmembran gebildet. Ich möchte aber unterstreichen, daß dieser vielleicht extreme Fall nicht ausschließt, daß außerdem noch ein selbstproduzierendes System für die Nucleinsäurebildung im Cytoplasma vorhanden ist.

Dieses Beispiel illustriert somit die Anwendung der Ultraviolettspektrographie auf einen Schnitt durch Nervenzellen. Sie ist die eine

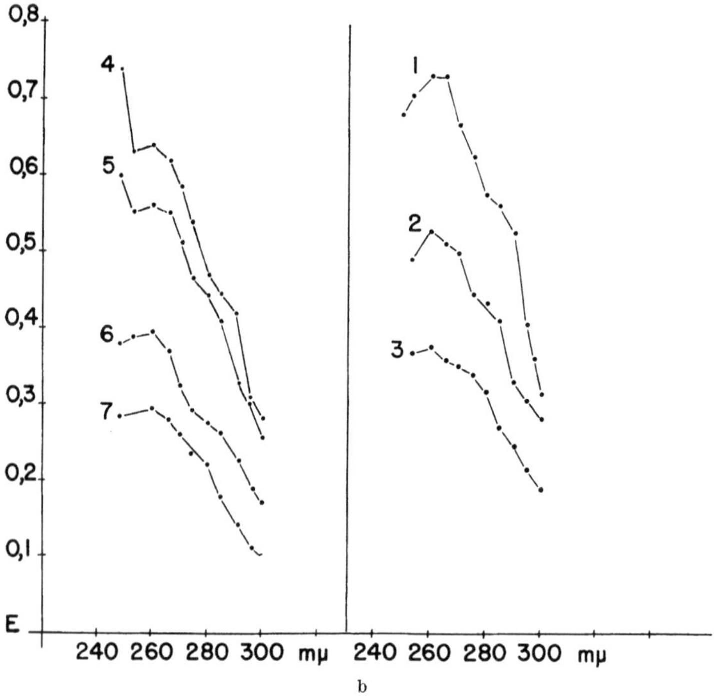

b

Abb. 2a u. b. a Spinalganglienzelle von Lophius piscatorius. b Absorptionsspektra an verschiedenen Punkten vom Nucleolus zur Kernmembran (1—3) und von der Kernmembran zur Mitte des Cytoplasmas (4—7) aufgenommen.

der beiden quantitativen zellchemischen Methoden, welche bei Untersuchungen über quantitative Substanzänderungen in der Nervenzelle angewandt werden können. Ich setze voraus, daß diese Methode zum größten Teil bekannt ist. Sie ist von CASPERSSON entwickelt worden[15, 16] und baut sich auf die kräftige Absorption von Purin- und Pyrimidinbasen bei 2600 Å und die Absorption der Aminosäuren Tyrosin, Tryptophan und Phenylalanin bei 2800 Å auf. Aus den Extinktionswerten wird die Menge der Nucleinsäuren per Vol.-Einheit einer Zellstruktur berechnet in der Annahme, daß das spezifische Gewicht 1 ist. Diese Methode hat wertvolle Erkenntnisse über die chemische Zusammensetzung der Zelle erbracht und wird auch in einer Reihe von Arbeiten über Nervenzellen und über die Funktion des Neurons angewandt. Die Inhomogenitäten in den Eiweißstrukturen der Zelle machen jedoch die Bestimmungen unsicher und schränken die Verwendung der Methode[20] ein. Die Berechnung der Absorption der Basen bei 2600 Å wird von einer Menge Streulicht im Präparat und von Lichtverlusten beeinflußt, welche zwischen Partikeln mit verschiedenem Brechungsindex im Präparat entstehen. Der Gehalt an Eiweißsubstanz in einem Zellabschnitt kann auf der Basis der Aminosäureextinktion bei 2800 Å, wie zu erwarten, nur angenähert berechnet werden, weil man sich auf ein Standardeiweiß beziehen muß, das die absorbierenden Aminosäuren in einem gewissen Verhältnis enthält. Aber für den Nucleinsäuregehalt in einem Schnitt durch eine Zelle kann die Methode, wenn sie bei optisch korrekten Verhältnissen angewandt wird, zufriedenstellende Werte liefern.

Methoden zur Nucleinsäurebestimmung, welche auf der photometrischen Bestimmung der Menge von Farbstoff, z. B. Pyronin und Methylgrün, die an verschiedene Zellstrukturen gebunden ist, aufbauen, bringen Fehlresultate von bedeutenderer Größenordnung mit sich. Außerdem ist viel zu wenig über die Chemie der Farbenbindung an die Zellsubstanzen bekannt, um Schlußfolgerungen aus solchen Versuchen zu erlauben.

Die röntgenmikroradiographische Methode.

Da die Ultraviolettspektrographie nur die Lokalisation und Bestimmung *einer* wichtigen Substanz mit Sicherheit zuläßt, war das Bedürfnis nach neuen Methoden aktuell. Wir haben kürzlich eine neue Bestimmungsmethode für Lipide, Pentosenucleoproteide und die übrigen Eiweißstoffe der Nervenzellen ausgearbeitet[14]. Die Analyse wird am frischen, unbehandelten Präparat durch Röntgen-Mikroradiographie bei 8—10 Å ausgeführt. Die verschiedenen Fraktionen werden als Gewichtsunterschiede, ausgedrückt in 10^{-9} mg/μ^3, nach Extraktion und anschließender Digerierung mit einem Enzym erhalten. Das Auflösungsvermögen der Methode liegt bei 4 μ^2 und dieses Analysierungsgebiet wird über die Zelle integriert. Die Methode baut auf dem Prinzip der Massenbestimmung von Zellteilen durch Röntgen-Mikroradiographie auf, welche von ENGSTRÖM und LINDSTRÖM[17, 18] ausgearbeitet worden ist. Bei 8—10 Å ist die Masse biologischen Materials, bezogen auf H, C, N und O, proportional der Absorption der Röntgenstrahlung. Wir haben diese Methode auf Nervengewebe angewandt und vor allem die Fehlerquellen untersucht sowie gewisse wichtige technische Verbesserungen vorgenommen.

Eine kontinuierliche Röntgenstrahlung wird bei 3000 Volt erzeugt und durch eine 9 μ dicke Aluminiumfolie filtriert. Ein 5 bis 10 μ dicker Gewebeschnitt wird in einem Präparathalter zusammen mit einem Vergleichssystem montiert, das aus dünnen Nitrocellulosehäuten besteht und dieselbe Abhängigkeit der Absorption von der Wellenlänge zeigt wie die biologische Substanz. Sowohl das Präparat wie das Vergleichssystem werden im Maßstab 1 : 1 auf einem feinkörnigen Lippmann-Film mit einem Auflösungsvermögen von 2 μ photographiert. Dann wird direkt auf dem Radiogramm in 500—800facher Vergrößerung eine Schwärzungsmessung ausgeführt. Die erhaltenen Werte für die gemessene Röntgenabsorption werden in absolute Werte für die Masse oder die Gesamtmenge Trockensubstanz in den Strukturen des Präparats dadurch überführt, daß die Absorption im biologischen Material mit der Absorption des Referenzsystems verglichen wird. Wenn die Masse der biologischen Probe in der Masse des Referenzsystems ausgedrückt wird, erhält man[18]:

$$\frac{m_a}{k_{H_p}} = \frac{k_{H_{ref}}}{k_{H_p}} \cdot m_{ref} \frac{\left(\frac{\mu}{\varrho}\right) CNO_{ref}}{\left(\frac{\mu}{\varrho}\right) CNO_p}$$

$\frac{m_a}{k_{H_p}}$ ist das Gewicht des biologischen Materials und m_{ref} ist das Gewicht des Referenzsystems. $\left(\frac{\mu}{\varrho}\right)$ ist der Masseabsorptionskoeffizient, berechnet für das Referenzsystem und für das biologische Material. k_H ist ein Korrektionsfaktor für Wasserstoff.

Abb. 3 zeigt eine Übersicht über die Apparatur mit der Röntgenröhre, dem Schalttisch und dem Hochspannungsaggregat. Abb. 4 zeigt ein Einzelbild der wichtigsten Teile, den Kopf der Röntgenröhre, die Vorvakuumpumpe und eine SIEGBAHNsche

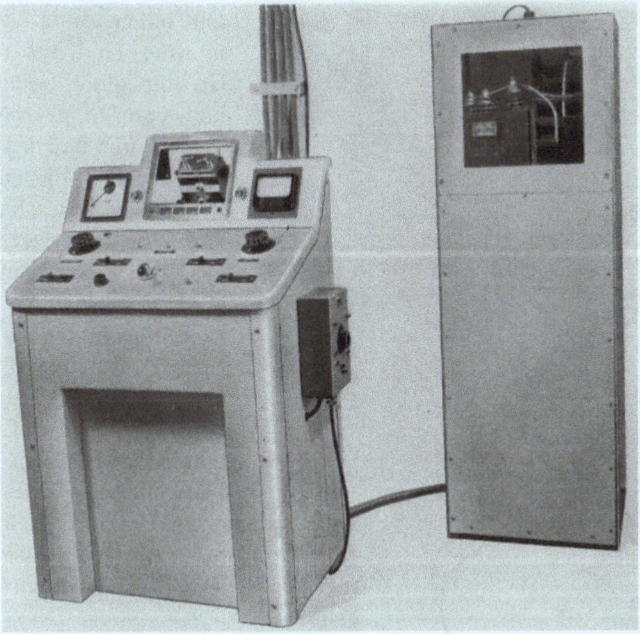

Abb. 3.
Übersicht über die Apparatur mit Röntgenröhre, Schalttisch und Hochspannungsaggregat.

Molekularpumpe. Der Kopf der Röntgenröhre ist wassergekühlt und wie die wassergekühlte Anode einstellbar. Die Kathode ist in einem Winkel von 45° gegen die Anode aufgestellt und der Draht ist von einem statischen Schirm umgeben, welcher eine Focusstrahlung auf der Anode gibt. Im Präparathalter ist eine 9 μ dicke Aluminiumhaut, durch welche die Strahlung filtriert wird, so daß das Maximum der Intensität zwischen 8 und 10 Å liegt. Das Präparat liegt im Präparathalter im engen Kontakt mit dem Film,

Abb. 4. Der Kopf der Röntgenröhre, die Vorvakuumpumpe und die SIEGBAHNsche Molekularpumpe (s. Text).

und der ganze Halter kann herausgenommen und bei Tageslicht gehandhabt werden.

Abb. 5 zeigt, wie das Präparat und das Referenzsystem je für sich auf einem Metallhalter montiert sind. Letzterer ist mit einer Genauigkeit von 3μ gearbeitet und erlaubt, daß das Referenzsystem die ganze Zeit im Präparathalter verbleibt, während das Präparat ausgetauscht wird.

Die geometrische Unschärfe liegt bei 0,2 μ, also unter dem Auflösungsvermögen des Lippmann-Films. Nach der Entwicklung wird die Transmission im Präparat und im Referenzsystem durch ein selbst registrierendes Mikrophotometer[11] gemessen.

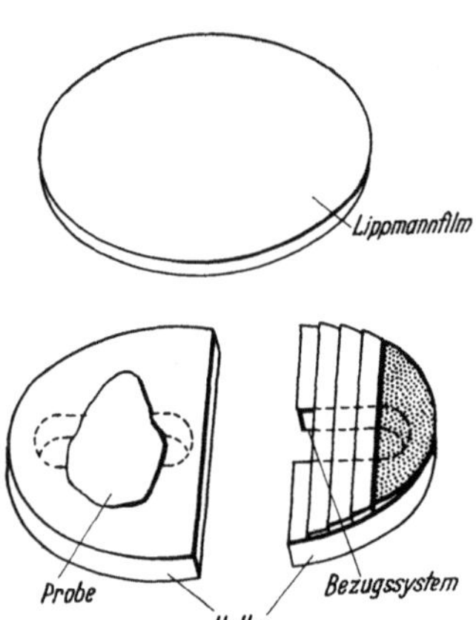

Abb. 5. Das Präparat und das Referenzsystem auf die zwei Hälften des Metallhalters montiert.

Abb. 6 zeigt die verschiedenen Teile des Mikrophotometers. Das Radiogramm wird in dem binukolaren Mikroskop eingestellt, dessen Objekttisch durch einen Synchronmotor (M) derart angetrieben wird, daß die Geschwindigkeit der des Schreibers (S) angepaßt ist. Für das visuelle Beobachten wird eine Niederdrucklampe und für die Absorptionsmessung eine Wolframbandlampe verwendet. Wenn das Objekt in dem Mikroskop scharf fokussiert ist, entsteht auch ein fokussiertes Bild in der Ebene der Photozelle (P), die mit einer Irisblende versehen ist. Die Öffnung der Blende wird einem Gebiet von 4 μ^2 im Objekt angepaßt. Während der Messung erlaubt ein Miflex-System (O), daß man das fokussierte Objekt auf einer Matt-

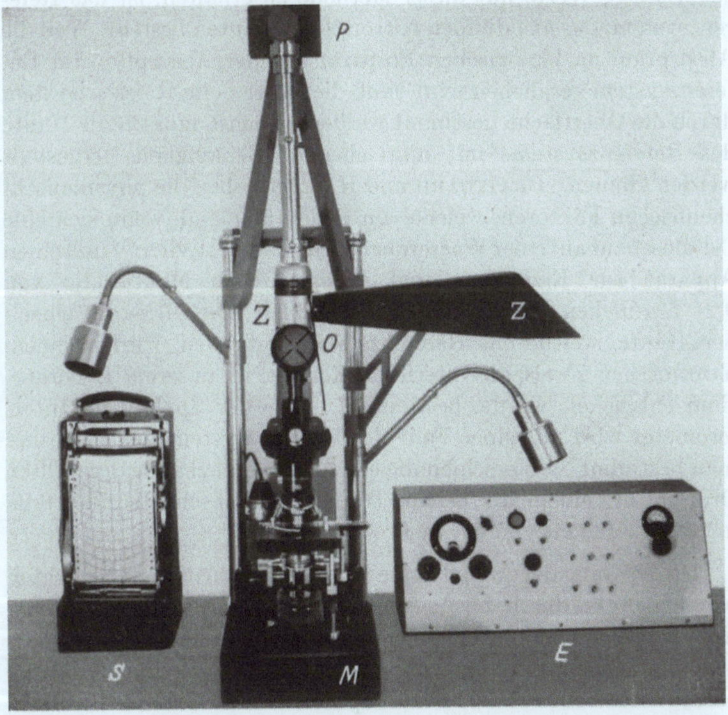

Abb. 6. Übersichtsbild des Mikrophotometers, mit welchem die Absorption im Radiogramm unter visueller Kontrolle gemessen wird (s. Text).

scheibe beobachten kann. Rechts ist der Schalttisch (E) für die elektrische Stabilisierung und Messung. Diese Konstruktion erlaubt eine schnelle Messung des vergrößerten Primärbildes vom Objekt und vom Referenzsystem, wobei man mit dem Auge kontrolliert. Danach wird das Bild der Zelle durch das optische System bei Z auf den Tisch projiziert und unmittelbar planimetriert.

Von den Faktoren, welche möglicherweise Fehler bei den Absorptionsmessungen im Röntgenbild ausmachen können, haben wir besonders den sog. Eberhardeffekt oder Randeffekt und den Kostinskyeffekt, beides Entwicklungsartefakte, untersucht. Bei bestimmten Verhältnissen können diese Faktoren als Fehlerquellen ganz ausgeschlossen werden.

Einer der wichtigsten Faktoren, die studiert werden müssen, um zuverlässige Werte mit dieser Methode zu erhalten, ist das Referenzsystem, das aus dünnen Nitrocellulosehäuten besteht. Weil die Absorption im biologischen Präparat mit der Absorption im Referenzsystem verglichen wird, muß die Masse beim Referenzsystem durch die Oberfläche bestimmt werden. Ebenso müssen die Häute des Referenzsystems mit hinreichender Genauigkeit hergestellt werden können. BRATTGÅRD und HALLÉN haben die physikalisch-chemischen Faktoren, welche von Bedeutung sind, wenn sich eine Cellulosehaut auf einer Wasseroberfläche bildet, studiert[13] und einen Apparat zur Erzeugung und automatischen Montierung von 0,2—5 μ dicken Cellulosehäuten konstruiert. Die Dicke der einzelnen Häute, welche das Referenzsystem aufbauen, wird in einem YOUNGschen Zweispalt-Interferometer, der in unserem Laboratorium entwickelt wurde, bestimmt[22]. Eine der Spalten im Interferometer wird mit einer Folie des Referenzsystems bedeckt, und man bestimmt die Verschiebung einer Interferenzbande der nullten Ordnung mit einem Mikroskop. Die Methode ist schnell und hat die hohe Genauigkeit von einem Prozent.

Da der Gang der Analyse eine Extraktion von dünnen Schichten Nervengewebe durch Lösungsmittel, oder Digerierung mit einem Enzym in sich schließt, kommen in geringem Grade Veränderungen des Volumens im Präparat vor, welche Veränderungen in der Masse vortäuschen können. Im mikroskopischen Präparat sieht man diese als Schrumpfungen der Oberfläche, welche planimetrisch berechnet werden können und als Korrektionsfaktor bei der mathematischen Behandlung eingeführt werden.

Die Dicke der einzelnen Zellen wird in jedem Fall optisch dadurch bestimmt, daß die Grenzpartikel in der oberen und unteren Außenfläche im Schnitt fokussiert werden. Durch die Anwendungen der Berechnungen von ABBE und BEREK für das vertikale Auflösungsvermögen und die Fokaltiefe wurde eine Methode ausgearbeitet (BRATTGÅRD), um die Schnittdicke mit einer Genauigkeit von $\pm$ 2% zu bestimmen.

Die Totalmenge der Lipide wird bestimmt als Gewichtsunterschied vor und nach der Extraktion des Gefrierschnitts der Nervenzellen mit Chloroform bei 20° nach BRANTE[10]. Um den Fehler zu bestimmen, welcher dadurch entsteht, daß andere Stoffe mitgelöst werden, wurden einige mikrochemische Analysen der Molekularschicht des Kleinhirns gemacht. Kohlenhydrate und Eiweißstoffe bedingen einen Fehler von weniger als einem Prozent. Anorganische Bestandteile, wie Salze verschiedener Art, beeinflussen dagegen die Bestimmung nicht. Elemente der Ordnungszahl zwischen 10 bis 30 können in viel stärkerer Konzentration als sie im biologischen Material nachgewiesen werden, vorkommen, ohne die Berechnungen zu stören.

Nach der Extraktion der Lipide wurde der Schnitt mit kristallisierter Ribonuclease (Worthington Biochemical Laboratories, New Jersey), die frei von proteolytischem Effekt war, behandelt. Auf diese Weise erhält man eine Fraktion, die aus Pentosenucleoproteiden besteht. Entscheidend für die Brauchbarkeit der Methode ist die Frage, ob die Enzymbehandlung auch in solchen Zellen einen Gewichtsverlust erzeugt, welche keine Pentosenucleinsäuren enthalten. In erster Linie denkt man dabei an Eiweißstoffe. Dies wurde an Nervenzellen ausprobiert, welche durch retrograde Reaktion nach Durchschneiden der Axone von Pentosenucleinsäure freigemacht worden sind. Ultraviolettspektrographische Untersuchungen haben früher gezeigt[29], daß 2 Wochen nach solchen Versuchen keine meßbare Absorption bei 2600 Å zu finden ist. In Nervenzellen, denen Pentosenucleinsäuren fehlen, kann nach Behandlung mit Ribonuclease durch die Röntgenmethode kein Gewichtsverlust nachgewiesen werden.

Daß das Enzym Pentosenucleinsäuren auch aus Nervenzellen vollständig entfernt, welche viel davon enthalten, ist früher dadurch bewiesen worden[24, 25], daß nach Digerierung die Absorptionsmaxima bei 2600 Å verschwinden; also entfernt die Ribonuclease die gesamte meßbare Menge von Pentosenucleinsäuren aus Kontrollzellen, verursacht aber keine Gewichtsverluste in Zellen, denen Pentosenucleinsäuren fehlen.

Nur ein Teil der Nucleoproteidfraktionen besteht aus Nucleinsäuren. Aus der Stickstoff-Phosphor-Quote für Pentosenucleinsäuren in der Molekularschicht des Kleinhirns wurde berechnet, daß ungefähr 20% der Fraktion aus Nucleinsäuren besteht, ausgedrückt als Stickstoff.

Nach der Digerierung enthält die Nervenzelle weiterhin bedeutende Mengen Trockensubstanz, die hauptsächlich aus Zelleiweiß besteht. Der Fehler bei dessen Bestimmung steigt bis auf ungefähr 5%.

Fehler der Methode. Es ist unterstrichen worden, daß diese Röntgenmethode nicht mit Fehlern belastet wird, welche durch Streulicht und Reflektion verursacht werden, wie dies bei der Ultraviolettmethode der Fall ist. Aber man muß gewisse systematische und zufällige Fehler auseinanderhalten. Ein positiv systematischer Fehler bis zu 5% wird durch andere Elemente als Wasserstoff, Kohlenstoff, Stickstoff und Sauerstoff verursacht, welche sich im biologischen Material befinden. Die Extraktion der Lipide ist mit einem negativen Fehler von weniger als 5% belastet und ein ähnlicher Fehler geht in die zurückbleibende Eiweißfraktion ein. Der totale zufällige Fehler bei einer einzelnen Röntgenbestimmung mit Einschluß des photographischen Prozesses und der Bestimmung der Dicke des Schnittes macht bis 2—3% aus.

Chemische Komponenten des Cytoplasmas.

Mit dieser Röntgenanalyse ist es möglich, selbst an kleinsten Strukturen der Nervenzelle Masse, Zusammensetzung und Verschiebung ihrer Substanz zu studieren. Im folgenden werden einige Beispiele über die Anwendung der Methode und damit gewonnene Ergebnisse gegeben.

Bei den großen Ganglienzellen ist der Zellkörper durch eine große Menge Lipide, Pentosenucleinsäuren und Proteine gekennzeichnet. Röntgenanalysen zeigen, daß die Mengenverhältnisse zwischen den verschiedenen Komponenten wechseln. Als typisches Beispiel solcher Nervenzellen kann man die großen Ganglienzellen im DEITERSschen Nucleus nehmen. Sie sind früher auch mit der Ultraviolettmethode untersucht worden[24] und hinsichtlich der Nucleinsäuren stimmen die quantitativen Resultate dieser beiden Methoden ganz gut überein.

Abb. 7 zeigt einen 5 μ dicken Schnitt durch den DEITERSschen Nucleus bei 8 Å photographiert. Der Schnitt ist frisch, nur vakuumgetrocknet und mit Chloroform extrahiert. Die Zellen treten durch ihre starke Absorption hell hervor, weil dies ein Negativ des Absorptionsbildes ist.

Abb. 8 gibt eine Übersicht über Veränderungen im Röntgenbild während der Analyse. Das Bild links ist gekennzeichnet durch eine starke allgemeine Absorption. Die Zelle ist nur durch die schmalen Risse gegenüber der Umgebung erkennbar. Wenn die Lipide entfernt werden, tritt die Zelle im ganzen deutlich hervor, behält aber weiterhin eine hohe Masse, so daß weder der Nucleolus noch die Konturen des Kerns sichtbar sind. Diese Strukturen lassen sich erst nach der Digerierung mit dem Enzym abgrenzen.

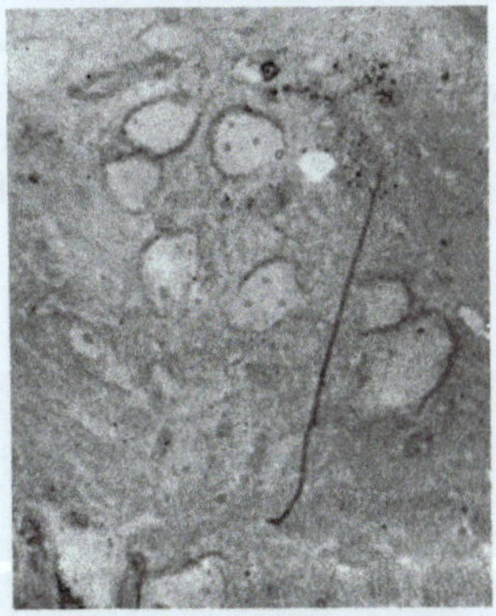

Abb. 7. 5 μ dicker Schnitt durch den DEITERSschen Nucleus bei 8 Å auf Lippmann-Film aufgenommen. Gefrierschnitt mit Chloroform extrahiert. Vergr. 175fach.

Dieses Experiment demonstriert den großen Unterschied in der Masse zwischen fixierten und unbehandelten Zellen. Bei letzteren kann man nur nach der Digerierung die Konturen des Kerns im Radiogramm beobachten, weil vor Extraktion und Digerierung soviel Substanz im ganzen Zellkörper verteilt ist, daß ein Schnitt durch die Zelle ein homogen absorbierendes Aussehen besitzt. Der Kern verliert also erst durch die Entfernung der

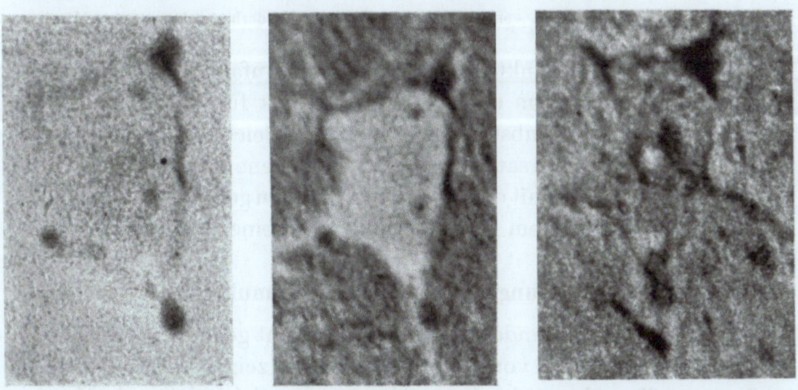

a b c

Abb. 8a—c. Eine DEITERSsche Ganglienzelle bei 8 Å aufgenommen: unbehandelter Gefrierschnitt, b derselbe nach Extraktion mit Chloroform, c nach Digerierung mit Ribonuclease. Vergr. 720fach.

Daten sprechen dafür, daß das gelbe Pigment zur Gruppe der Pterine gehört[32]. Die großen Nervenzellen bei Menschen, welche früh aufhören sich zu teilen, machen also physiologisch eine langsam fortschreitende Veränderung durch: Im Cytoplasma nehmen mit steigendem Alter die Liponucleoproteide ab und ihre Stelle wird von einem Lipoproteid anderer Zusammensetzung, welches einen komplexen Chromophor enthält, eingenommen. Ich möchte unterstreichen, daß diese Umwandlung nicht auf die höheren

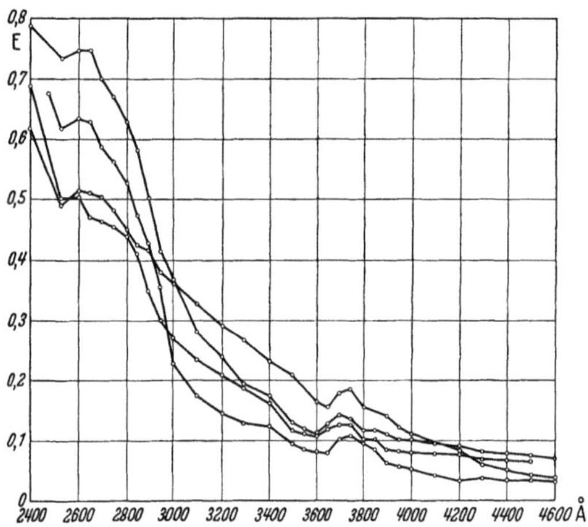

Abb. 10. Absorptionsspektra von gelbem Pigment einer Vorderhornzelle, 50jähr. Mann.

Altersklassen beschränkt ist, sondern ihren Anfang schon früh im Leben nimmt, und am ehesten der Ausdruck für eine chemische Erneuerung der Zellsubstanz sein dürfte, vielleicht eine chemische Differenzierung als Ersatz für eine ausgebliebene Mitose. Die Ausdrucksweise, daß wir mit denselben Nervenzellen geboren werden und sterben, hat von diesem Gesichtspunkt aus keine Gültigkeit mehr.

Quantitative Veränderungen nach adäquater Stimulation des Neurons.

Bei der Mehrzahl anderer Säugetiere kommt gelbes Pigment nur in geringem Ausmaß vor. Die Nervenzellen zeigen in ihren Zellkörpern während verschiedener Altersstufen gleichbleibende Mengen Liponucleoproteide. Trotzdem ändert sich auch hier die Zellsubstanz ständig, was mit biophysikalischen Methoden wahrnehm-

gelbes Pigment, das unter dem Namen Lipofuscin in der Literatur oft beschrieben worden ist[1, 2, 33, 34, 35, 41], nachweisen. Dieses Pigment zeigt eine kräftige Absorption im ultravioletten Spektralgebiet und bildet sich in der Mehrzahl der motorischen und sensiblen Ganglienzellen, so daß das Cytoplasma schließlich ganz davon erfüllt erscheint.

Abb. 9 zeigt ein Photo bei 2570 Å vor und nach Digerierung mit Ribonuclease. Die Absorptionsspektra in Abb. 10, die vom gelben Pigment einer menschlichen Vorderhornzelle aufgenommen sind, zeigen das Vorhandensein von 2 Maxima, eins bei 2650 und ein kleineres bei 3700 Å. Diese Maxima bleiben auch nach der Digerierung mit Ribonuclease erhalten.

Den Maxima im ultravioletten Spektralgebiet entsprechend zeigt das Fluorescenzspektrum 4 oder 5 wohl definierte Bänder. Es handelt sich demnach um einen komplexen Chromophor.

Röntgenanalysen, welche in unserem Institut ausgeführt worden sind[32], zeigen, daß dieses Pigment 50—60% mehr Masse und 10—20% mehr Lipide aufweist als der Rest des Cytoplasmas. Die Abwesenheit von Pentosenucleinsäuren konnte bestätigt werden. Eine Papierchromatographie zeigt einen R_f-Wert von 0,92. Das Vorkommen von Riboflavin kann ausgeschlossen werden, und die Warburg-Christian-Reaktion ist negativ. Die bisher erhaltenen

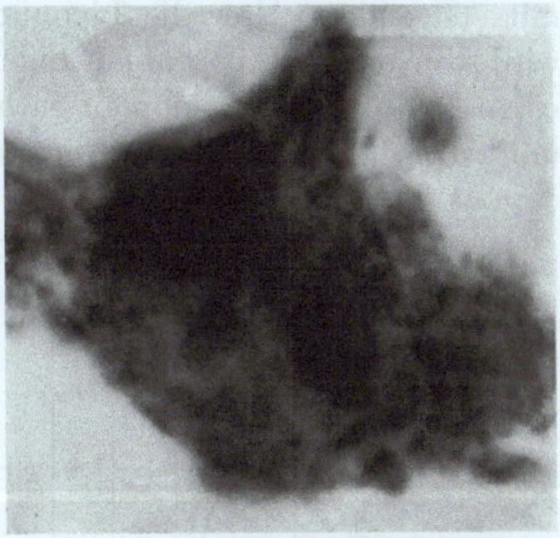

a

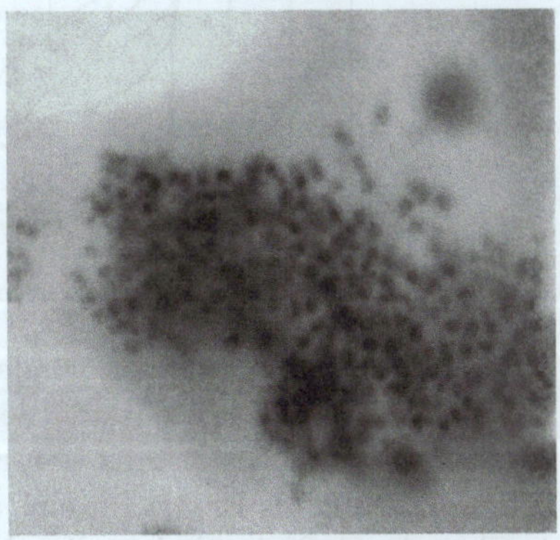

b

Abb. 9a u. b. Vorderhornzelle mit gelbem Pigment von einem 50jähr. Mann, bei 2570 Å aufgenommen: a vor, b nach Digerierung mit Ribonuclease. Objektiv: Monochromat 2,5 mm. Vergr. 1150fach.

Daten sprechen dafür, daß das gelbe Pigment zur Gruppe der Pterine gehört[32]. Die großen Nervenzellen bei Menschen, welche früh aufhören sich zu teilen, machen also physiologisch eine langsam fortschreitende Veränderung durch: Im Cytoplasma nehmen mit steigendem Alter die Liponucleoproteide ab und ihre Stelle wird von einem Lipoproteid anderer Zusammensetzung, welches einen komplexen Chromophor enthält, eingenommen. Ich möchte unterstreichen, daß diese Umwandlung nicht auf die höheren

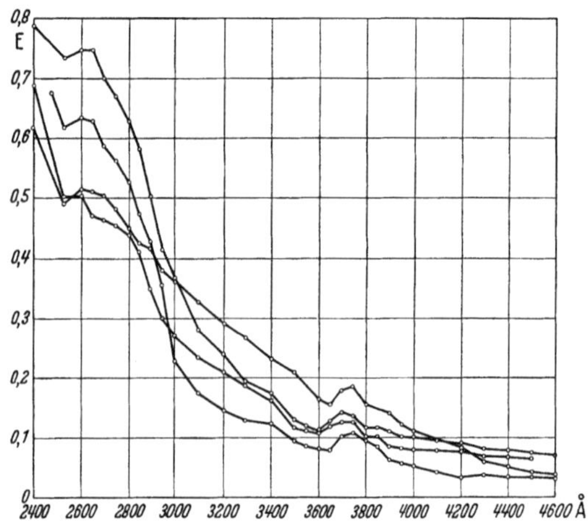

Abb. 10. Absorptionsspektra von gelbem Pigment einer Vorderhornzelle, 50jähr. Mann.

Altersklassen beschränkt ist, sondern ihren Anfang schon früh im Leben nimmt, und am ehesten der Ausdruck für eine chemische Erneuerung der Zellsubstanz sein dürfte, vielleicht eine chemische Differenzierung als Ersatz für eine ausgebliebene Mitose. Die Ausdrucksweise, daß wir mit denselben Nervenzellen geboren werden und sterben, hat von diesem Gesichtspunkt aus keine Gültigkeit mehr.

Quantitative Veränderungen nach adäquater Stimulation des Neurons.

Bei der Mehrzahl anderer Säugetiere kommt gelbes Pigment nur in geringem Ausmaß vor. Die Nervenzellen zeigen in ihren Zellkörpern während verschiedener Altersstufen gleichbleibende Mengen Liponucleoproteide. Trotzdem ändert sich auch hier die Zellsubstanz ständig, was mit biophysikalischen Methoden wahrnehmbar ist. Unsere Arbeitsgruppe hat vor allem die Veränderungen studiert, welche infolge der Stimulation eines Neurons auftreten, d. h. bei gesteigerter nervöser Funktion. Als Beispiel dafür kann man den Effekt motorischer Aktivität auf die Vorderhornzellen des Rückenmarks wählen.

Tab. 2 zeigt, daß sich die Pentosenucleoproteidfraktion in den Nervenzellen beim Meerschweinchen, das unausgesetzt laufen muß,

Tabelle 2.

Motorische Ganglienzellen

(erwachsenes Meerschweinchen).

Gewichte in $10^{-9}mg/\mu^3$.

Cytoplasma	Nach Extraktion der Lipide	Nach Verdauung mit Ribonuclease	PNP	Eiweiß	PNP/Eiweiß
Kontrolltiere	0,31	0,25	0,06	0,25	24 : 100
	0,37	0,29	0,08	0,29	28 : 100
	0,26	0,15	0,11	0,15	75 : 100
Mittelwert	0,31	0,23	0,08	0,23	35 : 100
Erschöpfte	0,25	0,24	0,01	0,24	4 : 100
Meerschwein-	0,15	0,14	0,01	0,14	7 : 100
chen	0,14	0,14	0,00	0,14	0 : 100
	0,27	0,26	0,01	0,26	4 : 100
	0,26	0,21	0,05	0,21	24 : 100
	0,12	0,11	0,01	0,11	9 : 100
Mittelwert	0,19	0,18	0,01	0,18	6 : 100

stark vermindert. Die Menge Pentosenucleoproteid beträgt nur ein Fünftel der Kontrollzellen, während die Eiweißfraktion ungefähr dieselbe bleibt. Diese Veränderung kann schon innerhalb 1 Std. nach einem solchen Versuch beobachtet werden, und die ursprünglichen Werte sind ungefähr 50 Std. nach dem Versuch wieder hergestellt[1].

Untersuchungen mit Ultraviolettspektrographie haben ein übereinstimmendes Resultat ergeben[29].

Ähnliche und umfassendere Veränderungen im Anschluß an adäquate Stimulation sieht man in Nervenzellen des Ganglion cochleare nach akustischer Stimulation[23, 26] und im Ganglion

[1] Aus einer unveröffentlichten Arbeit von Dr. G. GOMIRATO, Torino.

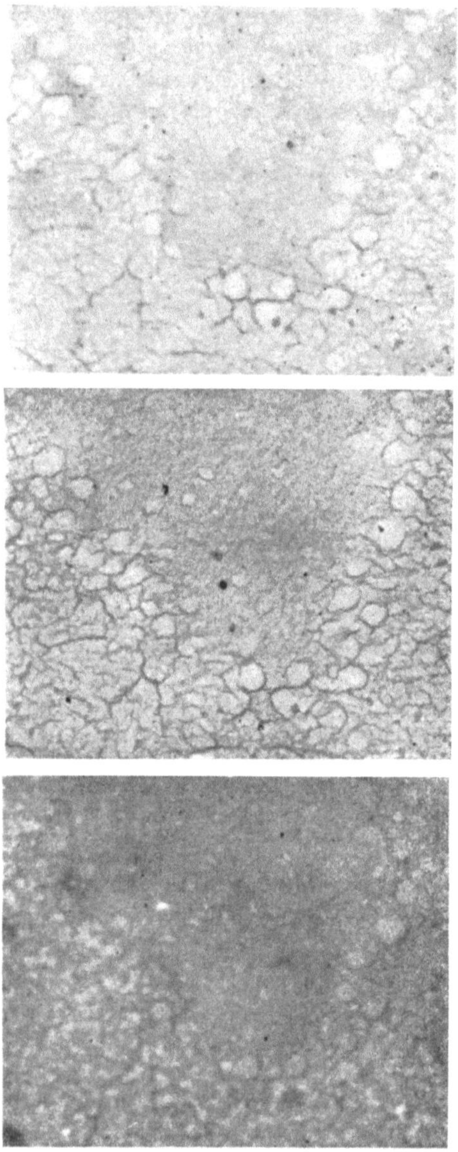

a
b
c

Abb. 11a—c. a Gefrierschnitt durch das Cerebellum, Kaninchen, bei 8 Å auf Lippmann-Film photographiert; b nach Extraktion mit Chloroform; c nach Digerierung mit Ribonuclease. Vergr. 175fach.

vestibulare nach rotatorischer Stimulation der Versuchstiere[24]. Verstärkte Tätigkeit des Neurons verändert also die Zellsubstanz nachweisbar und quantitativ sogar erheblich.

Man fragt sich, ob zwischen den einzelnen Komponenten der Nervenzelle bei ein und demselben Zelltypus wirklich so große Unterschiede vorhanden sind, daß diese als verschiedene Funktionszustände der Zelle gedeutet werden können, wenn man gleichzeitig die Verteilung der Zellen berücksichtigt. Vom funktionellen Gesichtspunkt aus liegt es am nächsten, dieses Problem an den Ganglienzellen innerhalb des Kleinhirns zu untersuchen.

Abb. 11 zeigt ein Röntgenmikroradiogramm eines Schnittes durch das Kleinhirn vor (a) und nach (b) der Extraktion der Lipide und nach der Enzymbehandlung (c).

Man beobachtet, wie die Absorption des Schnittes bei 8 Å sich nach der Fortnahme der Lipide vermindert, weil ein bedeutender Teil der Masse entfernt ist. Dadurch treten die Purkinjezellen deutlich hervor, welche auch nach der Behandlung eine große Zellenmasse behalten.

Tabelle 3.

Purkinjezellen

(frische Gefrierschnitte, erwachsenes Kaninchen).

Gewichte in 10^{-9} mg/μ^3.

Cytoplasma Zelle N: 0	Vor Extraktion d. Lipide	Nach Extraktion der Lipide	Nach Ribonuclease	Lipide	PNP	Eiweiß
14014	0,94	0,69	0,51	0,25	0,18	0,51
14016	0,86	0,59	0,44	0,27	0,15	0,44
14015	0,79	0,60	0,43	0,19	0,17	0,43
14011	0,74	0,66	0,53	0,08	0,13	0,53
Mittelwert	0,83	0,64	0,48	0,20	0,16	0,48
14013	0,77	0,49	0,26	0,28	0,23	0,26
14044	0,69	0,35	0,17	0,34	0,18	0,17
14041	0,54	0,33	0,16	0,21	0,17	0,16
14141	0,46	0,37	0,19	0,09	0,18	0,19
Mittelwert	0,62	0,39	0,20	0,23	0,19	0,20
10053	0,69	0,47	0,45	0,22	0,02	0,45
10060	0,57	0,54	0,52	0,03	0,02	0,52
10059	0,54	0,34	0,34	0,20	0,00	0,34
10063	0,54	0,39	0,36	0,15	0,03	0,36
Mittelwert	0,59	0,44	0,42	0,15	0,02	0,42

Tab. 3 zeigt, daß in bezug auf die Größe der Pentosenucleoproteidfraktion und auf das Resteiweiß 3 verschiedene Typen von Purkinjezellen unterschieden werden können, während die Lipidfraktion immer ungefähr gleich groß ist. Der erste Typ der Purkinjezellen ist durch große Mengen Pentosenucleoproteide und Eiweißstoffe gekennzeichnet. Der zweite Typ hat dieselben hohen Werte für Pentosenucleoproteid, aber nur wenig Resteiweiß. Der dritte Typ wird gekennzeichnet durch kleine Nucleoproteid- und große Eiweißmengen. Die verschiedenen Gruppen sind statistisch mit einer Wahrscheinlichkeit von 1:1000 gesichert. Das Verhältnis

Nucleinsäure zu Gesamteiweiß variiert in den beiden ersten Gruppen von 1—10 bis 1—20.

Wenn man einer Windung folgt, sieht man, daß Purkinjezellen mit ungefähr derselben Zusammensetzung in Gruppen zusammenliegen. Daher liegt es nahe anzunehmen, daß die hier gezeigte Verschiedenheit an Masse und chemischer Zusammensetzung bei den Purkinjezellen Verschiedenheiten im Funktionszustand der Zellengruppen widerspiegelt.

Die Veränderungen, welche in der Substanz der Nervenzellen auftreten, kann man zusammenfassend in 2 verschiedene Typen ordnen. Teils sind es solche, welche mit steigendem Alter beim Menschen langsam fortschreiten und sowohl ein cytogenetisches als ein funktionelles Problem bedeuten. Teils vollziehen sich ständige Veränderungen in der Zellsubstanz mit dem Abbau und der Erneuerung von Nucleoproteiden, welche als die chemische Unterlage für die Neuronfunktion gedeutet werden können. Pathologische zellchemische Veränderungen, die manchmal auf die Spezifizität des Neurons zurückgeführt werden können[21], werden hier nicht betrachtet.

Die Bedeutung der adäquaten Stimulation für die Neuronentwicklung.

Man fragt sich schließlich: Welchen Einfluß hat der Zeitpunkt, an dem die adäquate Stimulation die Nervenzelle trifft, auf die chemische Zusammensetzung und damit auf die Funktion des Neurons? Vom funktionellen Gesichtspunkt aus ist ein angrenzendes Problem von YOUNG[19, 37, 38, 44] und WEISS[42, 43] in ihrer Arbeit über die Bedeutung der Peripherie für das motorische Neuron, und vom Gesichtspunkt der Differenzierung aus von HAMBURGER[27] und BARRON[7, 8] behandelt worden. In unserem Laboratorium hat BRATTGÅRD[12] das Problem mit röntgenspektrographischen Methoden in Angriff genommen, wobei er die Ganglienzellen der Retina von Kaninchen als Objekt gewählt hat, die sich von der Geburt an während der ersten 10 Wochen in völliger Dunkelheit entwickelt haben.

Tab. 4 zeigt den Unterschied in der Gesamtmasse und in der Menge der Pentosenucleoproteide in den Zellen dieser Tiere im Vergleich mit Kontrolltieren. Die Zellmasse der im Dunkeln geborenen Tiere beträgt nur ein Sechstel der Masse, welche man in den Ganglien der Kontrolltiere findet, und Pentosenucleoproteide können nicht nachgewiesen werden. Die Zelle im Mikroradiogramm macht den Eindruck einer leeren Schale. Auch eine Dunkeladaptation während 3 Std. bringt nur die Nucleoproteidfraktion zum Verschwinden und liegt also ganz in der Linie der vorher dargestellten Versuche.

Tabelle 4. *Einfluß adäquater Erregung auf die chemische Zusammensetzung der Ganglienzellen der Retina während der ersten Zeit der postnatalen Entwicklung*

Gewichte in 10^{-9} mg/μ^3.

	10 Wochen bei normalem Tageslicht lebende Kaninchen	In Dunkelheit geborene und 10 Wochen in Dunkelheit lebende Kaninchen	In Dunkelheit geborene, 10 Wochen in Dunkelheit, anschließend 3 Wochen bei Tageslicht lebende Kaninchen	11 Tage bei normalem Tageslicht lebende Kaninchen
	Gesamttrockengewicht			
Mittelwert = (M)	0,78 ±0,013	0,16 ±0,012	0,58 ±0,021	0,42 ±0,016
Standardabweichung = σ	0,057±0,0095	0,042±0,0089	0,085±0,0145	0,055±0,0113
	PNP-Fraktion			
Mittelwert = (M)	0,47 ±0,013	0,00 ±0,009	0,22 ±0,024	0,21 ±0,014
Standardabweichung = σ	0,055±0,0093	0,029±0,0060	0,099±0,0171	0,049±0,0100
	Eiweiß-Fraktion			
Mittelwert = (M)	0,31 ±0,006	0,16 ±0,008	0,36 ±0,020	0,22 ±0,005
Standardabweichung = σ	0,027±0,0044	0,027±0,0057	0,082±0,0141	0,015±0,0032

SENDEN[40] beschrieb 1932, daß Menschen, welche seit ihrer Geburt durch Katarakt blind sind, nur durch lange Übung lernen können, die Formen der Gegenstände zu unterscheiden. Richtiges unterscheidendes Sehen wird niemals möglich. RIESEN[36] erhielt ähnliche Resultate bei Schimpansen, welche die 16 ersten Lebensmonate in Dunkelheit lebten. Ein gewisser Grad des Unterscheidens beim Sehen konnte erst durch lange Übung erzielt werden. Für die Funktion der Sehbahn, sowohl im peripheren Teil als auch für die komplizierte Arbeit der Gehirnzentren ist die adäquate Stimulation während der ersten Lebensperiode von ausschlaggebender Bedeutung. Die röntgenspektrographischen Befunde geben eine mögliche Erklärung dieses Phänomens und unterstreichen außerdem die generelle Bedeutung der Anpassung der adäquaten Stimulation an das rechte Entwicklungsstadium für die Funktion des Neurons.

Literatur.

1 ALTSCHUL, R.: Virchows Arch. **301**, 273 (1938).
2 ALTSCHUL, R.: J. Comp. Neur. **78**, 45 (1943).
3 ALLFREY, V., H. STERN, A. E. MIRSKY and H. SAETREN: J. Gen. Physiol. **35**, 529 (1952).
4 BARR, M. L., and E. G. BERTRAM: Nature (Lond.) **163**, 676 (1949).
5 BARR, M. L., E. G. BERTRAM and H. A. LINDSAY: Anat. Rec. **107**, 283 (1938).
6 BARR, M. L.: Exper. Cell. Res. **2**, 288 (1951).
7 BARRON, D. H.: J. Comp. Neur. **85**, 149 (1946).
8 BARRON, D. H.: J. Comp. Neur. **88**, 93 (1948).
9 BEHRENS, M.: Hoppe-Seylers Z. **209**, 59 (1932).
10 BRANTE, G.: Acta physiol. scand. (Stockh.) **18**, Suppl. 63, Uppsala 1949.
11 BOURGHARDT, S., S.-O. BRATTGÅRD, H. HYDÉN, S. LARSSON u. L. PILHAGE: Acta radiol. (Stockh.) (im Druck).
12 BRATTGÅRD, S.-O.: Acta radiol. (Stockh.) (im Druck).
13 BRATTGÅRD, S.-O., u. O. HALLÉN: Biochem. et Biophysica Acta (im Druck).
14 BRATTGÅRD, S.-O., u. H. HYDÉN: Acta radiol. (Stockh.) Suppl. **94** (1952).
15 CASPERSSON, T.: Chromosoma (Heidelberg) **5**, 562 (1940).
16 CASPERSSON, T.: J. Roy. Microscop. Soc. **60**, 8 (1940).
17 ENGSTRÖM, A., and B. LINDSTRÖM: Nature (Lond.) **163**, 563 (1949).
18 ENGSTRÖM, A., and B. LINDSTRÖM: Biochim. et Biophysica Acta **4**, 351 (1950).
19 FERNAND, V. S. V., and J. Z. YOUNG: Proc. Roy. Soc. (Lond.) B **139**, 38 (1951).
20 GLICK, D., A. ENGSTRÖM and B. G. MALMSTRÖM: Science (Lancaster, Pa.) **114**, 253 (1951).
21 FLOBERG, L.-E., C.-A. HAMBERGER u. H. HYDÉN: Acta oto-laryng. (Stockh.) Suppl. **75**, 36 (1949).
22 HALLÉN, O., and E. INGELSTAM: Exper. Cell. Res. **3**, 248 (1952).
23 HAMBERGER, C.-A., u. H. HYDÉN: Acta oto-laryng. (Stockh.) Suppl. **61**, (1945).
24 HAMBERGER, C.-A., u. H. HYDÉN: Acta oto-laryng. (Stockh.) Suppl. **75**, 53 (1949).
25 HAMBERGER, C.-A., u. H. HYDÉN: Acta oto-laryng. (Stockh.) Suppl. **75**, 82 (1949).
26 HAMBERGER, C.-A., u. H. HYDÉN: Acta oto-laryng. (Stockh.) Suppl. **75**, 124 (1949).
27 HAMBURGER, V., and R. LEVI-MONTALCINI: S. 128 in Genetic Neurology. The University of Chicago Press 1950.
28 HYDÉN, H.: Z. mikroskop.-anat. Forsch. **54**, 96 (1943).

[29] HYDÉN, H.: Acta physiol. scand. (Stockh.) **6**, Suppl. 17 (1943).
[30] HYDÉN, H.: Cold Spring Harbor Symp. Quant. Biol. **12**, 104 (1947).
[31] HYDÉN, H., u. H. HARTELIUS: Acta psychiatr. (Copenh.) Suppl. 48 (1948).
[32] HYDÉN, H., and B. LINDSTRÖM: Faraday Soc. Disc. **9**, 436 (1950).
[33] MÜHLMANN, M.: Verh. dtsch. path. Ges. **3—4**, 148 (1900—01).
[34] MÜHLMANN, M.: Arch. mikrosk. Anat. u. Entw.mechan. **58**, 231 (1901).
[35] OBERSTEINER, H.: Arb. neur. Inst. Wien. **10**, 245 (1903).
[36] RIESEN, A. H.: Science (Lancaster, Pa.) **106**, 107 (1947).
[37] SANDERS, F. K., and J. Z. YOUNG: J. of Physiol. **103**, 119 (1944).
[38] SANDERS, F. K., and J. Z. YOUNG: J. of Exper. Biol. **22**, 203 (1946).
[39] SCHÖNHEIMER, R.: The Dynamic State of Body Constituents. London 1942.
[40] SENDEN, M. v.: Raum- und Gestaltsauffassung bei operierten Blindgeborenen vor und nach der Operation. Leipzig 1932.
[41] TRUEX, C., and R. L. ZWEMER: Arch. of Neur. **48**, 988 (1942).
[42] WEISS, P.: The Chemistry and Physiology of Growth. Princeton, N. Y. 1949.
[43] WEISS, P.: S. 1 in Genetic Neurology. The University of Chicago Press 1950.
[44] YOUNG, J. Z.: Proc. Roy. Soc. (Lond.) B **139**, 18 (1951).

Diskussion.

FELIX (Frankfurt): Wir danken Ihnen alle für diesen so interessanten Vortrag, der uns einen Begriff von der großen methodischen Arbeit gegeben hat, die Sie erst leisten mußten, um dieses neue Verfahren zu entwickeln, mit dem Sie nun in die feinsten Strukturen der Nervenzelle eindringen können. Mich hat interessiert, daß Sie in den PURKINJEschen Zellen im Kleinhirn Unterschiede gefunden haben. Ein allgemeines Problem der Physiologie des Nervensystems ist ja, ob die verschiedenen Einzelfunktionen nur durch den Ort bedingt sind oder auch durch einen verschiedenen Aufbau der Zelle. Und das letzte wäre nach Ihren Versuchen vielleicht möglich.

KAUSCHE (Heidelberg): Herr HYDÉN, Sie haben sich mit der Frage beschäftigt, daß bestimmte Viren an bestimmten Stellen in der Zelle lokalisiert sein können. Meine Frage wäre: Wieweit sind diese Dinge spezifisch und wieweit können sie unspezifisch sein. Wir haben manchmal den Eindruck, als ob die Dinge auch unspezifisch hervorgerufen werden könnten, d. h. daß dieselbe Absorption an derselben Stelle auch durch andere Reize hervorgerufen sein kann.

HYDÉN: Sogenannte unspezifische Veränderungen in den Nervenzellen nach Virusinfektion mögen vorkommen. Wenn man aber z. B. ein Kaninchen mit Rabies infiziert, sieht man Unterschiede, je nachdem ob es ein R-Typ oder ein Fix-Typ ist. Beim Fix-Typ bekommt man diese spezifischen Veränderungen, d. h. am Nucleolus assoziiertes Chromatin mit kräftiger Vermehrung von DNS-reichen Partikeln. Aber mit dem R-Typ bekommt man diese spezifischen Veränderungen nicht. Mit dem FLURY-Typ bekommt man andere „unspezifische" Zellveränderungen. Das könnte ein zellchemischer

Ausdruck für die Adapation der Viren sein. Bei der Poliomyelitisinfektion vermehren sich die PNS des Chromozentrumgebietes des Kerns. Ähnliche Veränderungen kann man auch nach kräftiger Stimulation im Ganglion vestibulare bekommen, z. B. durch Rotieren von Tieren, aber wenn man die quantitativen Veränderungen mit der Röntgenmethode untersucht, sieht man, daß die Masse dieser gebildeten Substanzen in dem einen Fall ganz andere sind als im anderen. Ich glaube, mit der Ultraviolett-Methode kann man nicht entscheiden, was hinter diesem Bild steckt. Das kann man aber mit der Röntgenmethode feststellen. Man dürfte also sagen, daß einige der Virusveränderungen nicht spezifisch aussehen. Aber einige, z. B. die Rabiesveränderungen (Fix-Typ), sehen sehr spezifisch aus und lassen sich in allen Fällen reproduzieren.

ORTMANN (Frankfurt): Wenn man diese sehr schön entwickelten Apparaturen sieht, möchte man beinahe als einfacher Färbemorphologe verzweifeln. Die Ausdehnung Ihrer Untersuchungen auf die Lipidfraktion der Ganglienzelle wird sicher noch sehr weitgehende Aufschlüsse geben. Von entsprechenden Beobachtungen möchte ich berichten. Bei Untersuchungen des Hypothalamus bei Durst fiel bei Lipoidfärbung mit Sudan-Schwarz entsprechend dem tigrolytischen Hof im Zentrum der Zelle eine auffallende Schwärzung um den sich hell abzeichnenden Kern auf, die einer Anreicherung offenbar von Lipoidsubstanzen entspricht. Es handelt sich hier nicht um etwas Spezifisches für den Nucleus paraventricularis oder supraopticus, denn im Rückenmark kommt es bei der Axonreaktion ebenfalls zu einer Anreicherung von Lipoidsubstanzen im Zentrum des tigrolytischen Hofes. Weiter konnten wir beobachten, daß es sowohl an der Kernmembran wie vor allem auch an den von NISSL bzw. SPATZ beschriebenen Kernkappen zu einer membranartigen Anreicherung von Lipoidsubstanzen kommt. Diese haben wir histochemisch noch nicht näher aufgearbeitet. Ich möchte Herrn HYDEN fragen, ob bei der Axonreaktion mit seiner Methode auch entsprechende Veränderungen gefunden worden sind.

HYDÉN: Wir haben solche Untersuchungen noch nicht durchgeführt. Aber man kann mit der Röntgenmethode vor und nach Extraktion sehen, daß verschiedene Zellen verschiedene Mengen von Lipiden enthalten. Ich zeigte z. B. die DEITERSschen Zellen mit viel Lipiden, die Purkinjezellen dagegen mit wenig.

SPATZ (Gießen): Ich möchte noch etwas Historisches beitragen. Es handelt sich um rein morphologische Untersuchungen, die vor 30 Jahren gemacht wurden. Als diese Untersuchungen über sog. Kernauflagerungen auf dem Anatomentag 1923 vorgetragen wurden, war allgemeiner Widerspruch, als ich sagte, diese Bilder seien ein Hinweis darauf, daß wahrscheinlich ein ständiger Stoffaustausch von Karyo- und Cytoplasma stattfindet, der unter bestimmten Bedingungen der Stimulation sich steigern kann. Damals war ich noch jung und die anderen waren alt; da wurde mir von den Alten gesagt: „Nein, das kommt nicht in Frage. Der Kern, der ist der ruhende Pol in der Erscheinung Flucht, und der darf nicht an den Stoffwechselvorgängen im Cytoplasma teilnehmen. Das ist ein Gesetz. Setzen Sie sich hin."

Ich habe aus den Untersuchungen in Schweden gesehen, daß eine grundsätzliche Umwandlung der Anschauungen eingetreten ist. Ich habe damals auch schon erwidert, der Kern der Nervenzelle hat nach der Geburt gar nichts mehr für die Teilung zu tun, aber das wurde damals nicht gelten gelassen. Auf zwei Zeichnungen nach der Methode meines Lehrers NISSL ist die Axonreaktion zu sehen, eine Aufhellung infolge Schwunds der Nissl-Körper. Am Rand des Kerns findet sich vielfach eine bohnenförmige Eindellung und an dieser Eindellung treten Substanzen auf, die heute als Kernkappen bezeichnet werden. Diese Substanzen (die hier an der Oberfläche des Kerns an ganz bestimmten Stellen liegen) verhalten sich rein morphologisch anders als die Nisslsubstanzen. Der Nucleolus ist sehr groß, wie der Kern ja überhaupt vergrößert ist. Das paßt zu der erhöhten Aktivität der Ganglienzelle, die sich von Geburt an nicht mehr teilt, aber mit der Ausdehnung des Organismus weiterwächst, eine Eigentümlichkeit, die anderen Zellen fehlt. Bei den Vorderhornzellen eines normalen neugeborenen Kaninchens finden sich Zeichen einer starken Aktivität, große Kerne, Auflösung der Nisslschollen und an den Nucleolus herangerückte Kernauflagerungen. Diese Substanzen treten immer da auf, wo die Auflösung der Nisslschollen zu sehen ist, während da, wo der Kern am Rand liegt, man sie nie findet. Nach der Durchschneidung des Axons sehen Sie die Vergrößerung des Kerns, die Vergrößerung des Nucleolus und angedeutet die Kernauflagerungen. Hier liegt folgendes Problem vor. Eine Zelle, die sich über viele Meter ausdehnt, wird bei einem Experiment dieser Art in zwei Teile von sehr ungleicher Größe zerlegt, der zentrale kleinere Teil und das viel längere Axon. Was geschieht? Der kleine Teil erhält sich und der große Teil geht in der ganzen Länge zugrunde, obwohl Gefäße und SCHWANNsche Zellen da sind, er somit ernährt wird. Es fehlt die Vis a tergo. Ohne den Anschluß an das Zentrum kann es nicht zu einer Regeneration kommen. Vom Morphologischen her müssen wir fragen: Was fehlt eigentlich dem größeren Teil? Logischerweise kann es eigentlich nur eine Einwirkung vom Kern her sein, denn der Kern ist der Bestandteil, der dem größeren Abschnitt des Neurons fehlt. Also muß die Zelle mit dem Kern eine Fernwirkung bis zum Endorgan ausüben, und ohne diese Kern-Fernwirkung geht es nicht. Ich glaube, das ist ein Problem, bei dem die Biochemiker helfen müssen. Sie sehen hier, wie sich die Kernkappen über die Kernoberfläche ausbreiten. Allerdings kann es gleichzeitig auch zu Einkerbungen des Kerns kommen. Die Kernkappe läßt sich färberisch von den Nisslschollen trennen. Wenn mit Osmium fixiert und dann mit Säurefuchsin und mit Lichtgrün gefärbt wird, färben sich die Nisslschollen grün, die Neurosomen erscheinen als rosa Punkte und der große Nucleolus ist dunkelrot. Die Kernauflagerungen sind auch dunkelrot. Was diese Bilder in Ihrer Sprache bedeuten, wage ich natürlich nicht zu sagen.

HYDÉN: Kernauflagerungen müssen ja ein allgemeines Phänomen sein. In verschiedensten Fällen, z. B. nach starker adäquater Stimulation, nach akustischer Stimulation und nach Rotation, sieht man sie in den Ganglienzellen des Nervus stato-acusticus, und wie Herr Prof. SPATZ gezeigt hat, auch bei retrograder Reaktion. Diese Befunde deuten auf eine Steuerwirkung des Kerns bei der Produktion der Cytoplasmanucleotide. Aber man kann nicht ausschließen, daß auch ein selbst-reproduzierendes System des Cytoplasmas vorhanden ist. Das Cytoplasma ist ja nie frei von Nucleoproteiden; diese liegen besonders am Rand des Cytoplasmas.

FELIX: Reichen die Nucleoproteide in den Achsenzylinder hinein und wie weit?

HYDÉN: Es scheint, als ob die Nucleoproteide am Rand des Axonkegels aufhören. Wir haben versucht, diese mit U.V.-Spektrographie nachzuweisen, aber fanden nichts. Ihre Masse ist so klein, daß die geeignete Röntgenmethode dafür noch fehlt.

SANDRITTER (Frankfurt): Welche Auffassung haben Sie über die Bedeutung des Heterochromatins, also der Substanz, die von CASPERSSON so sehr herausgestellt wird als induzierendes Element für den Eiweißstoffwechsel des Cytoplasmas? Wir haben in eigenen Untersuchungen von Krebsgewebe feststellen können, daß die Menge der DNS im Zellkern keinen Anhalt für die Teilungsgeschwindigkeit der betreffenden Zelle bzw. die Teilungsrate des betreffenden Gewebes abgibt, was ja von anderer Seite immer wieder behauptet wird.

PETTE (Hamburg): Bei Poliomyelitis sieht man Zellen, wo der Nucleolus und der Kern erhalten, aber die Nisslschollen zerstäubt sind. Wir sind aber der Meinung, daß bei den Fällen, die gesund werden, die Nisslschollen wieder zusammengebaut und aktionsfähig werden können. Darum wäre ich Herrn HYDÉN sehr dankbar, wenn er uns seine Auffassung vermittelt, was ist denn die Nisslscholle morphologisch gesehen?

HYDEN: Die Grundlage der Nisslscholle ist ein Liponucleoproteid. Weiter kann man auch quantitativ übereinstimmende Veränderungen zwischen Nisslschollen und Nucleoproteidmenge und, wie wir hoffen, auch zwischen der Lipidmenge nachweisen. Wir wissen aber nicht, ob darin ein Enzymsystem enthalten ist oder nicht. Prof. FELIX fragte, ob es einen Zusammenhang zwischen Nucleoproteiden und Mitochondrien in der Nervenzelle gibt. Das kann ich leider nicht sagen. In einer Zelle, welche gefüllt ist mit absorbierendem Material und wo die Mitochondrien eine sehr kleine Masse haben, erlauben die Methoden bis jetzt noch nicht, zwischen diesen beiden Komponenten zu unterscheiden.

Der chemische Aufbau der Nervenzelle und der Nervenfaser.

Von

E. Klenk

Aus dem Physiologisch-Chemischen Institut der Universität Köln.

Auf dem Gebiet der Nervenchemie hat man sich seit vielen Generationen fast ausschließlich auf die Erforschung der Lipoide beschränkt. Sehr lückenhaft sind vor allem unsere Kenntnisse über die Eiweißstoffe des Nervengewebes, obgleich in der grauen Substanz mehr als die Hälfte, in der weißen etwa ein Viertel der Trockensubstanz aus Eiweiß besteht. Hier ist man, abgesehen von den auf histochemischem Wege gewonnenen wichtigen Befunden von Hyden[1], noch kaum über die alten Feststellungen von Ewald[2] bzw. Halliburton[3] hinausgekommen, welche aus dem Gehirn 4 verschiedene Eiweißstoffe gewonnen haben: ein Nucleoproteid, zwei Globuline und das Neurokeratin der Markscheiden.

Block und Brand[4] halten das Nucleoproteid für den Haupteiweißstoff der Nervenzelle, aus welchem die anderen löslichen Proteine bei der Isolierung abgespalten werden. In Übereinstimmung damit wurde später[5] aus markfreien Crustaceennerven und der Riesenfaser des Tintenfisches ein Eiweißstoff, das sog. Neuronin, gewonnen, das die Eigenschaften eines Nucleoproteids besitzt. Hierzu würde, wie mir scheint, auch recht gut die Feststellung passen, daß die Nisslsubstanz der Ganglienzellen ein Nucleoproteid ist, und zwar ein solches vom Ribosetyp[6].

Diese Eiweißstoffe sind offensichtlich deshalb so wenig untersucht worden, weil sie infolge des großen Lipoidreichtums des Nervengewebes immer mit Lipoiden verunreinigt sind und jeder Versuch, die letzteren mit organischen Lösungsmitteln zu entfernen, zu einer Denaturierung des Eiweißstoffes führt. So wird auch das Neurokeratin als denaturierter Eiweißstoff angesehen, der ursprünglich in den Markscheiden in einer wasserlöslichen Form vorhanden ist. Als Beweis dafür, daß das Neurokeratin nicht zu der Gruppe der echten Keratine gehört, wird die Tatsache angeführt, daß die Hexonbasen in einem ganz anderen molekularen Verhältnis vorliegen[7].

Tabelle 1. *Aminosäuregehalt des Neurokeratins in %.*
Neurokeratin: Histidin:Lysin:Arginin = 1:2:2
Echtes Keratin:Histidin:Lysin:Arginin = 1:4:12.

Tyrosin	3,9—4,6	Histidin . . .	1,9—2,7
Tryptophan . .	1,3—1,4	Lysin	4,7—5,3
		Arginin . . .	4,7—5,3

Was die Frage des Vorkommens von Lipoproteiden im Nervengewebe betrifft, so kann sie nicht schlechthin verneint werden. Soviel aber ist sicher, daß der Hauptteil der ätherlöslichen Lipoide sich aus dem mit Aceton entwässerten Gewebe ohne Schwierigkeit extrahieren läßt. Nur der kleinere Teil derselben kann erst mit heißem Alkohol heraus gelöst werden. In dieser Hinsicht liegen die Verhältnisse anders wie beim Muskel und vielen anderen Organen. Damit soll aber die Möglichkeit nicht geleugnet werden, daß auch im Gehirn ein großer Teil der Lipoide an Eiweiß gebunden ist, denn schon beim Trocknen mit Aceton und bei der Ätherextraktion dürfte das Eiweiß denaturiert werden, was dann die Lösung der Lipoidbindung zur Folge haben könnte. Auf jeden Fall aber wäre diese Bindung außerordentlich locker, noch lockerer als diejenige, welche erst beim Kochen mit Alkohol gelöst wird. Auch sehr feste Bindungen zwischen Eiweiß und Lipoiden wären denkbar. Besonders naheliegend wäre die Annahme einer Verbindung zwischen Serinkephalin und Eiweiß. Irgend welche Anzeichen für das Vorkommen von Lipoproteiden dieser Art haben sich jedoch bisher noch nicht ergeben, weder im Gehirn noch in irgendeinem anderen Organ.

In allerletzter Zeit sind von FOLCH[8] sog. Proteolipoide aus Gehirn gewonnen worden. Sie sind im Gegensatz zu den Lipoproteiden in organischen Lösungsmitteln, vor allem in etwas alkoholhaltigem Chloroform löslich und unterscheiden sich von den Lipoproteiden auch durch ihren besonders hohen Lipoidgehalt. Diese FOLCHschen Proteolipoide sind ganz besonders labile Substanzen. Schon das Trocknen der Verbindung genügt, um die Bindung zwischen den beiden Komponenten zu lösen. Vorerst kann man nur abwarten, wie sich diese Untersuchungen noch weiter entwickeln werden. Ein durchaus beachtenswertes positives Ergebnis haben sie jetzt schon gebracht, nämlich, soweit ich sehe, die erste einigermaßen vollständige Bausteinanalyse eines Eiweißstoffs des Nervengewebes.

Tabelle 2. *Zusammensetzung der Eiweißkomponente eines Proteolipoids aus Gehirn. N-Gehalt in % des Proteins.*

Leucin, Isoleucin, Phenylalanin	2,49	Serin	0,71
Methionin	0,36	Glycin	1,14
Tyrosin, Valin	1,01	Arginin	1,01
Prolin	0,28	Lysin	0,91
Alanin, Glutaminsäure	1,81	Histidin	0,64
Threonin	0,84	Cystin	0,45
Asparaginsäure	0,43	Ammoniak	0,89
		Gesamtmenge	12,97
		Protein	14,0

An sich müßten an dieser Stelle auch noch die zahlreichen anderen Substanzen aufgeführt werden, die aus dem Nervengewebe isoliert worden sind. Ich möchte aber darauf verzichten, da sie sich nicht wesentlich von denjenigen anderer Organe unterscheiden. So stimmen vor allem die Extraktivstoffe im großen Ganzen mit denen der Muskulatur überein.

Eigenartigerweise sind im Nervengewebe keine nennenswerten Kohlenhydratreserven vorhanden, obgleich das Nervengewebe ja einen recht lebhaften Kohlenhydratstoffwechsel besitzt. Der Glykogengehalt der Gehirnrinde beträgt nur etwa 80—100 mg-%[8] und dabei erscheint es möglich, daß bei der Bestimmung auch noch die Kohlenhydratgruppe der Ganglioside als Glykogen miterfaßt wurde.

Eine besonders wichtige Rolle im chemischen Aufbau des Nervengewebes kommt bekanntlich den Lipoiden zu. Etwa die Hälfte der Trockensubstanz des Gehirns ist lipoider Natur. Beim Rückenmark ist der Betrag noch höher. Es handelt sich um ein äußerst kompliziertes Substanzgemisch, einem Gemisch von Cholesterin, Glycerinphosphatiden, Sphingomyelin und Cerebrosiden, um nur die wichtigsten zu nennen. Die chemische Konstitution derselben kann heute als geklärt gelten, wenn auch in Einzelheiten noch manches problematisch ist. So sind vor allem unsere heutigen Vorstellungen über den chemischen Aufbau der Glycerinphosphatide vielleicht noch allzu einfach und schematisch.

Während man bis vor kurzem nur 2 Gruppen von Glycerinphosphatiden, das Lecithin und das Kephalin, kannte, sind neuerdings noch 2 weitere hinzugekommen: das FOLCHsche Serin-kephalin[9] und die FEULGENschen Acetalphosphatide[10].

Tabelle 3.

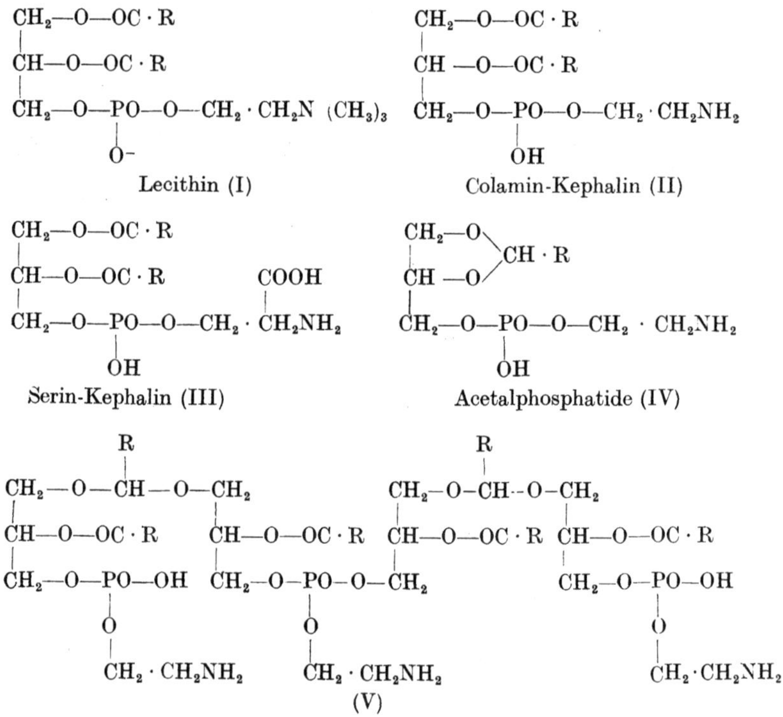

FOLCH will außer seinem Serinkephalin auch ein reines Colaminkephalin gewonnen haben. Leider aber hat er bei seinen Untersuchungen keines seiner Präparate auf Gegenwart von Acetalphosphatiden geprüft. In einem anderen Zusammenhang haben wir[11] vor kurzem nach der FOLCHschen Methode das Colaminkephalin darzustellen versucht und erhielten ein Präparat, in welchem die Acetalphosphatide außerordentlich stark angereichert waren. Das Verhältnis von Fettsäure zu Aldehyd war ungefähr 2:1.

Es liegt hier zweifellos kein einfaches Gemisch von Acetal- und Esterphosphatid vor, sondern irgendeine besondere Kombination der beiden. So ist der P-Gehalt der Substanz statt 5 nur 3 %. Außerdem gibt die Substanz bei gelinder Säurehydrolyse, wobei nur die Acetal-, nicht die Esterbindung gelöst wird, keinen wasserlöslichen Phosphor. Auch ist die Substanz in Äther sehr leicht löslich, während die Acetalphosphatide FEULGENS in Äther unlöslich sind. Man könnte dem ganzen Verhalten nach etwa an Phosphatide der obigen Formel (V) denken, wobei jeweils 2 Glycerinreste einerseits durch eine Aldehydacetalbindung und andererseits durch einen Phosphorsäurerest miteinander verbunden werden. Diese Formel ist noch weitgehend hypothetischer Natur. Sicher ist aber soviel, daß eine Substanz, welcher die alte klassische Kephalinformel zukommt, bis jetzt aus Gehirn noch nicht isoliert wurde.

Was die Acetalphosphatide betrifft, so sind diese nach der alten, etwas modifizierten FEULGENschen Methode vor kurzem von THANNHAUSER und Mitarbeiter[12] aus Gehirn isoliert worden. Den isolierten Verbindungen kommt zweifellos die FEULGENsche Formel IV zu. Jedoch hat schon FEULGEN darauf hingewiesen, daß bei der Art der Darstellung sekundäre Veränderungen nicht auszuschließen sind. Bei der Alkalibehandlung, welche der Isolierung der Acetalphosphatide voraus geht, wird die Esterbindung gelöst und es wäre denkbar, daß dabei ein Umklappen der Acetalbindung zur benachbarten Hydroxylgruppe des Glycerins erfolgt.

Im Gehirn scheinen im wesentlichen nur colaminhaltige Acetalphosphatide vorzukommen. Das von uns nach FOLCH dargestellte Serinkephalin bestand der Hauptsache nach aus Esterphosphatiden. Acetalphosphatide sind darin nur in kleinen Mengen angetroffen worden. Immerhin soviel, daß auch das Vorkommen von serinhaltigen Acetalphosphatiden als bewiesen gelten kann. Nicht gelungen ist dagegen bis jetzt der Nachweis von cholinhaltigen Acetalphosphatiden. Das von uns[13] auf dem üblichen Weg über die Cadmiumchloridverbindung dargestellte Lecithin war praktisch frei von Acetalphosphatiden. Vielleicht eignet sich diese Methode aber nicht zur Gewinnung der cholinhaltigen Acetal-, sondern nur der betreffenden Esterphosphatide. Wir[14] haben Acetalphosphatide dieser Art bisher nur im Herzmuskel angetroffen, wobei allerdings eine andere Methode angewandt wurde. Es erscheint sehr wohl möglich, daß mit dieser Methode auch ihr Nachweis im Gehirn gelingt.

Einen Überblick über die in den Glycerinphosphatiden vorkommenden Aldehyde und Fettsäuren gibt die folgende Tab. 4.

Tabelle 4. *Aldehyde und Fettsäuren der Glycerinphosphatide des Gehirns.*

	Aldehyde[15]		Fettsäuren[16]	
	gesättigt	ungesättigt	gesättigt	ungesättigt
C_{14}	Tetradecanal (Spur)		Myristinsäure (Spur)	
C_{16}	Hexadecanal	Hexadecenal (Spur)	Palmitinsäure	Hexandecensäure (Spur)
C_{18}	Octadecanal	Δ^{9} Octadecenal, Δ^{11} Octadecenal	Stearinsäure	Ölsäure
C_{20}				Δ^{11}-Monoensäure, $\Delta^{11,14}$-Diensäure, $\Delta^{5,8,11}$-Triens., $\Delta^{5,8,11,14}$-Tetraensäure
C_{22}				$\Delta^{7,10,13}$-Triensäure, $\Delta^{4,7,10,13}$- und $\Delta^{7,10,13,16}$-Tetraensäure, $\Delta^{4,7,10,13,16}$- u. $\Delta^{7,10,13,16,19}$-Pentaensäure, $\Delta^{4,7,10,13,16,19}$-Hexaensäure

Auffallend ist, daß nur C_{14}-, C_{16}- und C_{18}-Aldehyde vorkommen. Die den ungesättigten C_{20}- und C_{22}-Fettsäuren entsprechenden Aldehyde fehlen. Die Vaccensäure, d. h. die dem Δ^{11}-Octadecenal entsprechende Fettsäure, konnte, obgleich danach gesucht wurde, nicht aufgefunden werden. Die Aufklärung der Konstitution der hochungesättigten Fettsäuren gelang uns[14] mit Hilfe einer neuen Methode der oxydativen Ozonidspaltung und der chromatographischen Analyse des Gemisches der Abbausäuren. Bei der Spaltung der Ester erhält man als einzige freie Dicarbonsäure Malonsäure in einer Ausbeute von über 50 % der Theorie, d. h. die Doppelbindungen sind durchweg nach dem Divinylmethantyp angeordnet, ebenso wie in Linol- und Linolensäure. Als Monocarbonsäuren erhält man beim Abbau Propionsäure, Capronsäure und Pelargonsäure. Die Propionsäure fehlt bei den C_{20}-Säuren. Von der endständigen Methylgruppe aus gerechnet findet sich also in all diesen ungesättigten

C_{20}- und C_{22}-Säuren die erste Doppelbindung an derselben Stelle wie in Linolen-, Linol- und Ölsäure. Diese Fettsäuren sind natürlich nicht als solche isoliert worden. Ihr Vorhandensein ergibt sich aber auf Grund der Zusammensetzung des beim Abbau aufgetretenen Säuregemisches. Bei dieser Sachlage ist es möglich, daß eine oder die andere der hier aufgeführten Säuren fehlt. Es ist aber sehr wahrscheinlich, daß von den C_{20}-Säuren wenigstens 3, von den C_{22}-Säuren wenigstens 4 der aufgeführten Säuren vorhanden sind. Zu ihnen gehört die C_{20}-Tetraensäure (Arachidonsäure) und die C_{22}-Hexaensäure.

Nach den bisher vorliegenden Befunden könnte man den Eindruck gewinnen, daß die Fettsäuren auf die verschiedenen Glycerinphosphatide ziemlich ungleichmäßig verteilt sind. So fand FOLCH[9] in seinem Serin-kephalin nur Stearin- und Ölsäure. Auch wir fanden im Lecithin[13] und den beiden Kephalinarten[11] ziemliche Unterschiede (Tab. 5).

Tabelle 5. *Zusammensetzung des Fettsäuregemisches der Esterphosphatide in % der Gesamtfettsäuren.*

	Gesättigte Fettsäuren					Ungesättigte Fettsäuren				
	C_{14}	C_{16}	C_{18}	C_{20}	C_{22}	C_{16}	C_{18}	C_{20}	C_{22}	C_{24}
Lecithin . . .	Spur	29,0	9,0	1,2	—	1,2	48,0	7,3	4,3	—
Serin-kephalin . .	—	3,2	32,7	—	—	—	51,6	7,1	5,4	—
Colamin-kephalin .	Spur	9,7	9,7	1,5	0,9	2,3	34,7	15,1	24,4	1,7

Es scheint aber doch, daß die Unterschiede vielleicht mehr zufälliger Natur und auf die besondere Art der Fraktionierung zurückzuführen sind. Nach der Art der Darstellung mußten sich nämlich beim Lecithin und Serin-kephalin die Komponenten mit den gesättigteren Fettsäuren, beim Colaminkephalin dagegen die mit den höher ungesättigten Säuren anreichern. Der einzige auffallende Unterschied ist der, daß im Lecithin vorwiegend Palmitin-, im Serin-kephalin dagegen fast ausschließlich Stearinsäure als gesättigte Fettsäure vorkommt. An sich wäre es naheliegend anzunehmen, daß das Lecithin aus dem Serin-kephalin durch einfache Decarboxylierung der Serinkomponente und Methylierung der Aminogruppe entsteht. Es müßte dann aber gleichzeitig auch ein Austausch der Stearin- gegen die Palmitinsäure erfolgen. Die gegenseitigen Beziehungen zwischen den Glycerinphosphatiden untereinander sind demnach nicht ganz so einfach wie es auf den ersten Blick erscheinen könnte.

Über die von FOLCH und Mitarbeitern[18] im Gehirn aufgefundenen Inositphosphatide ist bis jetzt nur wenig bekannt. Als Baustein kommt darin Inosit 1,4-diphosphorsäure vor. Das neuerdings ebenfalls von FOLCH[19] aus Gehirn isolierte Strandin, ein sehr zuckerreiches Lipoid, ist wie wir[20] gezeigt haben, ein Gangliosid mit einem Neuraminsäuregehalt von etwa 20%, während nach FOLCH das Präparat weniger als 2% enthalten soll. Wie vor allem aus den Untersuchungen von BLIX[21] hervorgeht, sind die Kohlenhydratgruppen der Ganglioside und die vieler Glykoproteide einander sehr ähnlich. Ganglioside und gangliosidähnliche Lipoide sind in der Milz und im Stroma die hauptsächlichsten zuckerhaltigen Lipoide[22]. Daneben finden sich überall auch noch andere zuckerhaltige Lipoide, die ihrer chemischen Natur nach eine Mittelstellung zwischen Gangliosiden und Cerebrosiden einnehmen, so daß ohne Zweifel ein sehr enger Zusammenhang zwischen Gangliosiden und Cerebrosiden besteht.

Zum Schluß möchte ich noch etwas näher auf die Verteilung der Lipoide in der Nervenzelle und der Nervenfaser eingehen. Es war verhältnismäßig einfach festzustellen, daß die Hauptmenge der Lipoide in den Markscheiden lokalisiert ist. Das ergibt sich schon aus dem färberischen Verhalten der mikroskopischen Präparate. In Übereinstimmung damit ist auch der Lipoidgehalt der weißen Substanz des Gehirns und vor allem des Rückenmarks sehr viel höher als der der grauen Massen. Sobald man aber ein etwas genaueres Bild gewinnen möchte, ist das Problem nicht mehr ganz so einfach. Einerseits ist es kaum möglich ein morphologisch auch nur einigermaßen einheitliches Material der chemischen Analyse zuzuführen. Andererseits bietet auch die chemische Analyse als solche sehr erhebliche Schwierigkeiten. Auf beiden Seiten sind aber in letzter Zeit in methodischer Hinsicht beträchtliche Fortschritte erzielt worden, so daß man heute bereits etwas klarer sehen kann.

In der Tabelle sind auch die bis jetzt vorliegenden Analysen des Nervengewebes von Wirbellosen aufgenommen. Anscheinend gibt es da bei den verschiedenen Tierarten sehr große Unterschiede. Bei Hummern z. B. bestehen die Phosphatide fast vollständig aus Lecithin, bei den Bienen dagegen angeblich aus Kephalin. Im

Tabelle 6. *Lipoidverteilung im Nervengewebe.*

		Graue Substanz					Weiße Substanz		
					Gehirnrinde				
		Hummer Scherennerv[23]	Biene Gehirn[24]	Milznerv Kuh[23]	Mensch Fetus[23]*	Erwachsener[23]	Gehirn Mensch[23]	Rückenmark Kuh[23]	Nerv. ischiat. Kaninchen[23]
Trockensubstanz . .	% Fr.-Gew.	13,9		16,7	9,6	15,1	29,2	36,2	35,4
Gesamtlipoide . .	% Tr.-Subst.	13,7	39	15,5	22,5	35,1	61,2	75,8	55,9
Cholesterin . . .	% Tr.-Subst.	1,9	1,3	2,1	2,4	5,1	13,8	15,9	11,5
Cerebroside . . .	% Tr.-Subst.	0,8	0	1,6	2,4	4,2	16,0	19,7	10,9
Phosphatide . . .	% Tr.-Subst.	7,3	17	8,3	12,4	20,4	26,5	33,7	27,4
Lecithin	% Tr.-Subst.	6,2	2	2,5	4,4	7,3	5,7	6,3	3,6
Kephalin A . . .	% Tr.-Subst.	1,1	12	3,4	7,1	9,3	14,1	17,1	13,4
Kephalin B . . .	% Tr.-Subst.			0,8		2,0	3,0	5,2	4,1
Sphingomyelin . .	% Tr.-Subst.	0	1,5	1,6	0,9	1,8	3,7	5,1	6,5
Diglyceride . . .	% Tr.-Subst.	—	2,5**	0,9	—	1,1	—	0	2,0

*) 4½ Monate alter Fetus **) Neutralfett.

übrigen besteht Übereinstimmung mit den markarmen Teilen des Nervengewebes der Wirbeltiere insofern, als Cholesterin, Cerebroside und Sphingomyelin nur in geringen Mengen vorhanden sind. Diese letzteren sind offensichtlich vorwiegend oder sogar ausschließlich Bestandteile der Markscheiden. Den höchsten Lipoidgehalt besitzt die weiße Substanz des Rückenmarks. Er ist höher als der der weißen Massen des Gehirns. Offenbar deshalb, weil im Rückenmark alle Fasern gut ausgebildete Markscheiden besitzen, während im Gehirn neben markhaltigen Fasern immer auch noch marklose Fasern vorhanden sind.

Auf Grund der so erhaltenen Werte und aller anderen bisher verfügbaren chemischen und histologischen Befunde hat Brante die Verteilung der Lipoide in der Nervenzelle berechnet. Er ist allerdings genötigt, einige mehr oder weniger willkürliche Annahmen zu machen, so daß die errechneten Zahlen nur als grobe Schätzung angesehen werden können.

In die Tabelle habe ich zur Vervollständigung auch noch die Befunde von Tyrell und Richter aufgenommen, welche aus Gehirnrinde mit Hilfe der üblichen Methode die Kerne isolierten und darin die Lipoide bestimmten. Wenn die Analysen richtig sind, so muß man daraus schließen, daß der Zellkern auch alle die für die Markscheiden charakteristischen Lipoide enthält, die Cerebroside sogar in auffallend großen Mengen.

Tabelle 7. *Verteilung der Lipoide in der Nervenzelle.*

	Markscheiden	Cytoplasma der Nervenzelle und Achsenzylinder		Zellkern
	% Feuchtsubstanz (nach BRANTE[23])	% Feuchtsubstanz (nach BRANTE[23])	% Trockensubstanz*)	% Trockensubstanz (nach TYRELL u. RICHTER[26])
Cholesterin	8,4	0	0	4,1
Cerebroside	9,8	0	0	10,0
Ganglioside	0	0,5	4,1	—
Lecithin	2,4	1,1	9,2	4,4
Colamin-kephalin	0	1,1	9,2	11,6
Serin-kephalin	4,2	0	0	
Acetalphosphatide	3,9	0	0	—
Sphingomyelin	4,8	0	0	2,1

*) 12% der Feuchtsubstanz.

Die so hoch differenzierte Nervenzelle unterscheidet sich von allen anderen Zellarten in erster Linie durch die Ausbildung des der Reizleitung dienenden Neuriten. Die Anhäufung der Neuriten mit ihren relativ großen Massen der Markscheiden bedingen im großen ganzen auch die Sonderstellung des Nervengewebes in seinem chemischen Aufbau. Man ist sich heute ziemlich einig darüber, daß die Reizfortleitung im Achsenzylinder selbst erfolgt, daß aber auch die Markscheiden bei diesem Vorgang eine wichtige, ja sogar entscheidende Rolle spielen. Achsenzylinder und Markscheiden müssen wohl als eine funktionelle Einheit aufgefaßt werden. Sicher ist die Markscheide ein sehr guter elektrischer Isolator. Sie hat aber ohne Zweifel auch noch andere Funktionen zu erfüllen. Dafür spricht ihre eigentümliche Feinstruktur. Auf Grund des polarisations- und röntgen-optischen Verhaltens wird angenommen, daß die Markscheiden aus sehr vielen übereinandergelagerten zylindrischen Schichten von Lipoiden und Eiweiß bestehen[25]. Die Lipoide sollen in einer molekularen Doppelschicht so ausgerichtet sein, daß die hydrophoben Paraffinketten in radiärer Stellung den innern Teil der Schicht bilden, während die hydrophilen Gruppen nach außen gerichtet sind und in die wäßrige Eiweißschicht hineinragen. Es spricht vieles dafür, daß diese Lipoidschichten die Eigenschaft einer polarisierbaren Membran besitzen und so der Sitz einer Potentialspannung sind, durch deren Schwankungen man den Ruhe- und Aktionsstrom im Nerven erklären könnte.

In diesem Zusammenhang gewinnt gewiß auch die chemische Natur der am Aufbau der Markscheiden beteiligten Lipoide eine erhöhte Bedeutung. Besonders wichtig scheint mir das Vorhandensein von Lipoiden mit sehr verschiedenem isoelektrischen Punkt, so vor allem des Serinkephalins und der Schwefelsäureester der Cerebroside, deren isoelektrischer Punkt weit im sauren Gebiet und andererseits des Lecithins bzw. Sphingomyelins, deren isoelektrischer Punkt im alkalischen Gebiet liegen dürfte. Wenn diese Lipoide so geordnet sind, daß Lecithin bzw. Sphingomyelin die eine Seite, Serinkephalin bzw. die Schwefelsäureester der Cerebroside die andere Seite der Membran bilden, so müßte sie der Sitz einer relativ hohen Potentialspannung sein, auch dann, wenn auf beiden Seiten der Membran dieselbe Wasserstoffionenkonzentration und dieselbe Elektrolytkonzentration herrscht. Es scheint mir auch verständlich, daß die Aufrechterhaltung dieser Struktur einen gewissen Energieaufwand erfordert. Lipoidschichten dieser Art werden vielleicht abwechseln mit solchen, die aus Cerebrosiden und Cholesterin bestehen und welche zweifellos auch ein ganz anderes Verhalten zeigen dürften. Besonders auffällig ist, daß die sehr reaktionsfähigen Acetalphosphatide so gut wie vollständig in den Markscheiden lokalisiert sein sollen. Spekulationen über ihre Funktion sind gewiß noch verfrüht.

Literatur.

1 Hyden, H.: Acta physiol. scand. (Stockh.) **6**, Suppl. 17 (1943).
2 Ewald, A., u. W. Kühne: Verh. naturk. med. Ver. Heidelberg N.F. **1**, 457 (1877); Kühne, W., u. R. H. Chittenden: Z. Biol. **26**, 291 (1890).
3 Halliburton, W. D.: J. of Physiol. **15**, 90 (1894); Brodie, T. G., and W. D. Halliburton: J. of Physiol. **31**, 473 (1904).
4 Block, R. J., and E. Brand: Psychiatr. Quart. **7**, 613 (1933).
5 Schmitt, F. O.: Adv. in Prot. Chem. **1**, 25 (1944).
6 Landström, H., T. Caspersson u. G. Wohlfart: Z. mikrosk.-anat. Forsch. **49**, 534 (1941).
7 Block, R. J.: J. of Biol. Chem. **119**, 765 (1937); **120**, 467 (1937); **121**, 411 (1937).
8 Folch, J., and M. Lees: J. of Biol. Chem. **191**, 807 (1951).
8a Kerr, St. E., and M. Ghantus: J. of Biol. Chem. **116**, 9 (1936); Kerr, St. E., C. W. Hampel and M. Ghantus: J. of Biol. Chem. **119**, 405 (1937).
9 Folch, J.: J. of Biol. Chem. **146**, 35 (1942); **174**, 439 (1948).
10 Feulgen, R., u. Th. Bersin: Hoppe-Seylers Z. **260**, 217 (1939).
11 Klenk, E., u. P. Böhm: Hoppe-Seylers Z. **288**, 98 (1951).
12 Thannhauser, S. J., N. F. Boncoddo and G. Schmidt: J. of Biol. Chem. **188**, 417, 427 (1951).

[13] KLENK, E., u. H. DEBUCH: (noch unveröffentlicht).
[14] KLENK, E., u. G. GERRMANN: (noch unveröffentlicht).
[15] KLENK, E.: Hoppe-Seylers Z. **282**, 18 (1947); LEUPOLD, F.: Hoppe-Seylers Z. **285**, 182 (1950).
[16] KLENK, E.: Hoppe-Seylers Z. **200**, 51 (1931); **206**, 25 (1932); SCHUWIRTH, K.: Hoppe-Seylers Z. **277**, 147 (1943).
[17] KLENK, E., u. W. BONGARD: Hoppe-Seylers Z. (im Druck); s. a. W. BONGARD: Dissertation Köln 1952.
[18] FOLCH, J., and D. W. WOOLLEY: J. of Biol. Chem. **142**, 963 (1942); FOLCH, J: J. of Biol. Chem. **177**, 505 (1949).
[19] FOLCH, J., S. ARSOVE and J. A. MEATH: J. of Biol. Chem. **191**, 819 (1951).
[20] KLENK, E., u. H. DAUN: (noch unveröffentlicht).
[21] BLIX, G., L. SVENNERHOLM u. J. WERNER: Acta chem. scand. (Copenh.) **4**, 717 (1950); s. a. E. KLENK: Hoppe-Seylers Z. **288**, 216 (1951).
[22] KLENK, E., u. F. RENNKAMP: Hoppe-Seylers Z. **273**, 253 (1942); KLENK, E., u. K. LAUENSTEIN: Hoppe-Seylers Z. **288**, 220 (1951); YAMAKAWA, T., u. S. SUZUKI: J. of Biochem. (Japan) **38**, 199 (1951).
[23] BRANTE, G.: Acta physiol. scand. (Stockh.) **18**, Suppl. 63 (1949).
[24] PATTERSON, E. K., M. E. DUMM and A. G. RICHARDS jr.: Arch. of Biochem. **7**, 201 (1945).
[25] SCHMITT, F. O., and R. S. BEAR: Biol. Rev. Cambridge **14**, 27 (1939).
[26] TYRELL, L. W., and B. RICHTER; Biochem. J. **49**, Proc. LI (1951).

Diskussion.

WILKE (Gießen): Es wird auf die mögliche Bedeutung der hochungesättigten Fettsäuren der Glycerinphosphatide beim Vorgang der Hirnschwellung hingewiesen. Gehirngewebe beschleunigt die Polymerisation des sehr stark ungesättigten Acrylamids. Dabei nimmt das Gewebe eine der Hirnschwellung sehr ähnliche Konsistenz an.

KLENK: Die Polymerisation des Acrylamids ist durch das Vorhandensein von konjugierten Doppelbindungen bedingt. In den hochungesättigten Fettsäuren der Gehirnphosphatide sind derartige konjugierte Doppelbindungen nicht vorhanden.

THOMAS (Göttingen): Die Doppelbindungen in der Kohlenstoffkette der Fettsäuren sind ohne Einfluß auf die Reaktionsfähigkeit der Fettsäuren im Stoffwechsel. Die ungesättigten Fettsäuren sind von Wichtigkeit als Bauelemente bei der Bildung der Grenzflächenfilme, dienen als Weichmacher der Fette usw. Dies alles hat aber nichts mit dem Stoffwechsel zu tun.

KLENK: Ja, das nimmt man zur Zeit an. Jedoch weiß man über den Stoffwechsel der ungesättigten Fettsäuren bis jetzt noch viel zu wenig.

HELMREICH (München): Wir haben in Hirngewebeschnitten festgestellt, daß die Rinde pro Milligramm Trockengewicht und Stunde 48—50 γ Glucose, jedoch nur 16 γ Fructose verbraucht und daß die Fructose in der

Lage ist, ebenso wie die Glucose die Überlebensdauer des Gehirngewebeschnittes aufrecht zu erhalten, obwohl ja nur ein Drittel oder weniger verbraucht wird. Der Gasumsatz (Sauerstoffverbrauch und Kohlensäureproduktion) ist für Fructose sogar noch etwas höher als für Glucose. Meines Erachtens ist die intracelluläre Verbrennung der Fructose wahrscheinlich ebenso günstig, ja sogar noch etwas günstiger als bei der Glucose.

LANG (Mainz): Ich habe zu dem Problem der ungesättigten Fettsäuren noch etwas zu sagen. Offensichtlich macht es dem Organismus doch Schwierigkeiten, von der Ölsäure aus eine zweite Doppelbindung einzusetzen. Anscheinend geht es aber, wenn er Diensäuren bekommt, von diesen aus weiter, d. h. daß er dann Trien-, Tetraen-, Pentaensäuren usw. aufbauen kann. Es würde also an und für sich genügen, wenn Linolsäure zugeführt wird, von ihr aus müßten alle anderen höher ungesättigten Verbindungen aufgebaut werden können. Man hat dies, glaube ich, für das sich entwickelnde Ei und für derartige Objekte bereits bewiesen. Man könnte auch durchaus annehmen, daß die Dinge im Gehirn ganz ähnlich liegen.

LANDSCHÜTZ (Kopenhagen): Im Gehirn kommt γ-Aminobuttersäure vor. Die Substanz wurde papierchromatographisch von ASTRUP und gleichzeitig auch von amerikanischen Autoren nachgewiesen.

ORTMANN (Frankfurt): Der Vortragende hat darauf hingewiesen, daß die Lokalisation bestimmter Substanzen im Nervensystem noch sehr schwierig ist. Von morphologischer Seite ist, glaube ich, da ein ganz hübscher Vorstoß von dem Kieler anatomischen Institut in Form der Gomorisubstanz erfolgt. Es ist eine Substanz, die sich in ganz bestimmter Weise anfärben, sich extrahieren und, wie von einem Schüler von BARGMANN gezeigt wurde, sich auch mit der Ultrazentrifuge isolieren läßt. Wir haben feststellen können, daß es sich um ein Lipoproteid handelt, das streng auf die Gegend des Hypothalamus und den Hinterlappen lokalisiert ist.

SPATZ (Gießen): Wir haben die Befunde von BARGMANN an verschiedenen Tierformen nachuntersucht und kommen im wesentlichen zu einer vollen Bestätigung. Das Wichtigste ist, was es bisher noch gar nicht gegeben hat, daß ein Neuronensystem existiert, das sich von allen anderen Neuronensystemen färberisch heraushebt und daß man dabei ist, dieses Neuronensystem auch biochemisch zu erfassen und es von anderen Neuronensystemen abzugrenzen. Es muß in diesem Zusammenhang das Schlagwort „Neurosekretion“ gebraucht werden. Dieses entwicklungsgeschichtlich sehr primitive Neuronensystem hat die Eigentümlichkeit, daß an den Endigungen der Nervenfasern, also an bestimmten Teilen des Hinterlappens, ein färberisch erfaßbares Sekret auftritt, das als Hormonvorstufe, vor allem des Antidiuretins, aber auch anderer Hormone, gelten darf.

Man könnte annehmen, daß dieses Neuronensystem die Aufgabe hat, bestimmte Stoffe zu bilden, daß es also die gewöhnliche Aufgabe der nervösen Tätigkeit, die Erregungsübermittlung, nicht oder im geringen Maße hat. Es wäre also gewissermaßen ein Zwitter, morphologisch zweifellos zum Nervensystem gehörig, funktionell eigentlich wie eine Drüsenzelle, wie ein

Drüsensystem, erscheinend. Jedenfalls tauchen auf Grund dieser sehr merkwürdigen Entdeckung von BARGMANN mit Hilfe der Gomorimethode eine Reihe von sehr wichtigen Problemen auf.

ORTMANN: Es dürfen die Ergebnisse von PAUL WEISS nicht unerwähnt bleiben. Er hat feststellen können, daß im Axon ein Protoplasmastrom von der Ganglienzelle nach der Peripherie fließt. Dies berührt sich mit den Vorstellungen, die Herr OPITZ erwähnte, wonach zur Aufrechterhaltung der Zellstrukturen Energie notwendig ist. Dieser Axialstrom kann aber auch in Zusammenhang gebracht werden mit der Bildung der Gomorisubstanz im Hypothalamus.

HYDÉN: Ich glaube, daß nun die Zeit für eine lukullische Stimulation gekommen ist.

Der Energiestoffwechsel des Nervengewebes und sein Zusammenhang mit der Funktion.

Von

H. Weil-Malherbe.

Aus dem Runwell Hospital, Nr. Wickford, Essex, England.

Mit 4 Textabbildungen.

Je mehr unsere Kenntnis vom Energiestoffwechsel sich vertieft, um so klarer stellt sich heraus, daß er in seinen Grundzügen in allen tierischen Geweben, ja wohl sogar in den meisten Lebewesen überhaupt, der gleiche ist und daß anscheinende Unterschiede mehr quantitativer als qualitativer Natur sind. Das Bild, das sich vom Mechanismus der Glykolyse, vom Citronensäurecyclus, vom Elektronentransport und von der Energiespeicherung in Phosphatbindungen entwickelt hat, trifft auch auf das Nervengewebe zu, und scheinbare Unstimmigkeiten und Ausnahmen haben in den meisten Fällen eine befriedigende Erklärung gefunden.

Es ist allgemein anerkannt, daß der Energiebedarf des Nervengewebes so gut wie ausschließlich durch den Verbrauch von Kohlenhydrat gedeckt wird[41, 42]. Das bedeutet aber nicht, daß nicht auch Fette und Proteine, wenigstens in vitro und bei Glucosemangel, verbrannt werden können. Während man im überlebenden Gehirngewebe in Gegenwart von Glucose einen respiratorischen Quotienten von 1 findet, beträgt er in einem Gehirnhomogenat ohne Substratzusatz nur 0,87, und er sinkt auf 0,80 ab, wenn vor dem Versuch der Kohlenhydratvorrat des Gehirns durch eine Insulininjektion erschöpft wird[29]. Man weiß auch, daß Gehirnschnitte in glucosefreiem Medium erhebliche Mengen Ammoniak entwickeln und daß sich diese Ammoniakbildung durch Zusatz eines geeigneten Substrats unterdrücken läßt[125,67,24]. Bisher ist aber wenig über den Energiebezug des Gehirns aus Nichtkohlenhydratquellen bekannt, und wir werden uns daher im folgenden im wesentlichen mit dem Kohlenhydratstoffwechsel des Nervengewebes befassen.

Die Glykolyse im Nervengewebe.

Die Diskussion um die Frage, ob die Glykolyse im Gehirn phosphorylierend ist oder nicht, ist heute nur noch von historischem Interesse. Es ist jetzt klar, daß für die Glykolyse als energieliefernde Reaktion a priori nur ein phosphorylierender Mechanismus in Frage kommen kann, denn nur dadurch wird die Reversibilität des Prozesses und damit die Nutzbarmachung der freien Energie ermöglicht[66]. Trotzdem ist es lehrreich, zu sehen, wie die Beobachtungen, die zu gunsten eines nichtphosphorylierenden Mechanismus zu sprechen schienen, heute gedeutet werden müssen.

Es war besonders das Studium von Gehirnextrakten, das den Nachweis erbrachte, daß die Zwischenreaktionen, die Zwischenprodukte und die erforderlichen Co-Faktoren der Glykolyse im Gehirn die gleichen sind wie im Muskel[2, 82, 88, 94]. Eine große Rolle hat in der Diskussion die Wirkung des Glycerinaldehyds gespielt. Während nämlich die monomere Form des l-Glycerinaldehyds die Glykolyse im Gehirn stark hemmt[81], beeinflußt die Substanz im Muskelextrakt weder die Milchsäurebildung aus Glykogen noch die Vergärung der Glucose, sofern eine solche durch den Zusatz von Hefehexokinase ermöglicht ist[46]. Diese Tatsache schien entscheidend dafür zu sprechen, daß der Reaktionsverlauf im Gehirn von dem im Muskel abweicht.

Der Widerspruch ließ sich folgendermaßen aufklären[61]: In Gegenwart von Aldolase reagiert l-Glycerinaldehyd mit Dioxyacetonphosphat und bildet durch Aldolkondensation l-Sorbose-1-phosphat (Abb. 1). Diese Verbindung ist ein spezifischer und hochwirksamer Hemmungsstoff der *tierischen* Hexokinase; sie ist ohne Wirkung sowohl auf die Hexokinase der Hefe wie auf Phosphohexokinase beliebigen Ursprungs. Die Hemmung der tierischen Hexokinase ist unabhängig von der Konzentration beider Substrate, der Glucose und der Adenosintriphosphorsäure (ATP), und ist daher nichtkompetitiv. Diese Eigenschaften teilt das Sorbosephosphat mit Glucose-6-phosphat[130], mit dem es strukturell nahezu identisch ist (Abb. 1). Während dagegen das Sorbosephosphat im glykolytischen System nicht weiter reagiert, wird das Glucosephosphat rasch durch Isomerase und Phosphohexokinase beseitigt. Süllmann[121] hat schon im Jahre 1938 diesen Mechanismus der Glycerinaldehydhemmung erörtert,

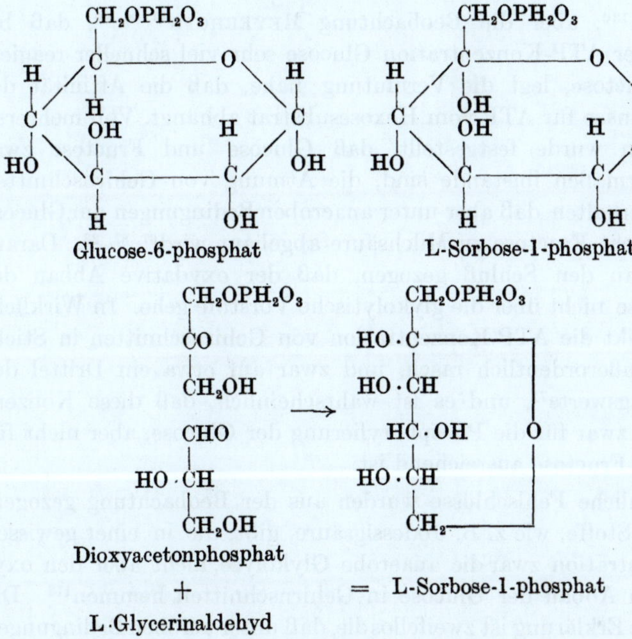

Abb. 1.

hat aber die Verschiedenheit im Verhalten der tierischen und der Hefehexokinase übersehen.

Die Gehirnhexokinase ist relativ unspezifisch und phosphoryliert nicht nur Glucose, sondern auch Fructose, Mannose und Glucosamin[115, 39]. Die Affinität des Enzyms für Glucose ist sehr viel höher als die für Fructose oder Glucosamin: die Michaeliskonstanten betragen 5×10^{-5} für Glucose und $6—8 \times 10^{-4}$ für Fructose oder Glucosamin[130, 39]. In starker Verdünnung wird daher Glucose schneller umgesetzt als Fructose, dagegen ist das Verhältnis umgekehrt, wenn die Sättigungskonzentration erreicht wird[115]. Die spezifische Fructokinase, die in Leber und Muskel Fructose-1-phosphat bildet, scheint im Gehirn nicht vorzukommen[115]. Es ist wichtig in diesem Zusammenhang, daß nur Hexokinase, nicht aber Fructokinase unter der Kontrolle von Insulin steht[16].

Die Affinität der Gehirnhexokinase für ATP ist meines Wissens bisher nur in der Reaktion der Glucosephosphorylierung gemessen worden[130], aber die Beobachtung Meyerhofs[83, 86, 89], daß bei niedriger ATP-Konzentration Glucose sehr viel schneller reagiert als Fructose, legt die Vermutung nahe, daß die Affinität der Hexokinase für ATP vom Hexosesubstrat abhängt. Von mehreren Autoren wurde festgestellt, daß Glucose und Fructose zwar gleichermaßen imstande sind, die Atmung von Gehirnschnitten zu unterhalten, daß aber unter anaeroben Bedingungen nur Glucose und nicht Fructose zu Milchsäure abgebaut wird[67, 87, 23]. Daraus hat man den Schluß gezogen, daß der oxydative Abbau der Fructose nicht über die glykolytische Vorstufe gehe. In Wirklichkeit sinkt die ATP-Konzentration von Gehirnschnitten in Stickstoff außerordentlich rasch, und zwar auf etwa ein Drittel des Ausgangswerts[71], und es ist wahrscheinlich, daß diese Konzentration zwar für die Phosphorylierung der Glucose, aber nicht für die der Fructose ausreichend ist.

Ähnliche Fehlschlüsse wurden aus der Beobachtung gezogen, daß es Stoffe, wie z. B. Jodessigsäure, gibt, die in einer gewissen Konzentration zwar die anaerobe Glykolyse, nicht aber den oxydativen Abbau der Glucose in Gehirnschnitten hemmen[113]. Die richtige Erklärung ist zweifellos die, daß unter aeroben Bedingungen die Resynthese der ATP sehr viel wirksamer ist als unter anaeroben, weil sie im atmenden Gewebe auf mehreren verschiedenen Wegen erfolgen kann, während sie in Stickstoff von einer einzigen Reaktionsfolge abhängt.

Glykolyse und Adenosintriphosphatase.

Andere Schwierigkeiten, die der Gültigkeit des Embden-Meyerhofschen Glykolyseschemas im Gehirn zu widersprechen schienen, bestanden darin, daß die Zwischenprodukte oft langsamer reagierten als Glucose. In vielen Fällen war das wohl auf die Impermeabilität der Präparate für die angewandten Phosphatverbindungen zurückzuführen, aber Unstimmigkeiten dieser Art wurden auch in Extrakten beobachtet[31]. Die Verhältnisse in wäßrigen Gehirnextrakten sind denen in Hefeextrakten sehr ähnlich, wo es ja bekanntlich zu einer Anhäufung von Hexosediphosphat kommt. Wie Meyerhof gezeigt hat, beruht die Erscheinung im Gehirn- wie im Hefeextrakt auf einer relativen Insuffizienz der Adenosintriphosphatase[83–86, 89–91]. Dies führt zu einer Verarmung an anorganischem Phosphat und an Phosphatakzeptoren, die dadurch zustande kommt, daß die in der Glykolyse pro Glucosemolekül freiwerdende Energie in 4 energiereiche Phosphatbindungen eingebaut wird, von denen nur zwei auf ein weiteres Glucosemolekül übertragen werden können. Eine übermäßige Aktivität der Adenosintriphosphatase bewirkt andererseits eine Verarmung an ATP, die schließlich zu einem Stillstand der Phosphorylierungsreaktionen führen muß. Der glatte Ablauf der Glykolyse erfordert ein delikates Gleichgewicht zwischen Adenosintriphosphatase und den phosphorylierenden Reaktionen, wie es in zellfreien Präparaten im allgemeinen nicht verwirklicht ist. Im Gehirn, wie in der Hefe, ist die Adenosintriphosphatase an die unlöslichen Zellbestandteile gebunden. Ihre Wirksamkeit ist daher groß im Gewebsbrei und gering in Extrakten, besonders wenn sie hypotonisch sind. Die ATP-Konzentration ist also verhältnismäßig beständig im Extrakt und sehr unbeständig im Homogenat; im Extrakt ist der Abbau der Phosphatakzeptoren, wie der Glucose, im Homogenat der der Phosphatdonatoren, wie des Hexosediphosphats, begünstigt. Die Verhältnisse im Extrakt können denjenigen im Gewebsbrei durch Zusatz gereinigter Adenosintriphosphatase angenähert werden; umgekehrt kann der Reaktionsablauf im Gewebsbrei durch starke Verdünnung, durch Hemmung der Adenosintriphosphatase oder durch kontinuierlichen Zufluß energiereicher Phosphatbindungen in den Extrakttypus verwandelt werden.

Glykolyse und Nicotinamid-Nucleotidase.

Ein weiterer Faktor, der für die Stoffwechselsteuerung in der Nervenzelle von Bedeutung sein dürfte, ist die Nucleotidase, die aus Cozymase und aus Coenzym-II Nicotinamid abspaltet[38]. Die Wirksamkeit dieses Enzyms ist im Gehirnbrei außerordentlich groß: der Stoffwechselquotient (Q-Wert) der Reaktion in einem Gehirnhomogenat beträgt etwa 20—40[80]. Wie die Adenosintriphosphatase, ist das Enzym an die unlöslichen Zellbestandteile gebunden, es kann jedoch durch destilliertes Wasser oder durch hypertonische Salzlösung in Lösung gebracht werden[73]. Der Antiglykolysefaktor, der von GEIGER[30] in der unlöslichen Gehirnfraktion gefunden wurde, ist wohl eine Kombination von Adenosintriphosphatase und Nicotinamid-Nucleotidase. Da jedoch die

Hemmungswirkung unbeeinflußt bleibt, wenn die Nucleotidase durch Nicotinamidzusatz ausgeschaltet wird[86, 89], so dürfte die Adenosintriphosphatasewirkung vorherrschen.

Die räumliche Organisation der Nervenzelle verhindert die Zerstörung der Coenzyme durch die Nucleotidase im intakten Gewebe. In Gehirnschnitten findet man eine sofortige Reduktion des Cozymasegehaltes um etwa 30%, aber die restliche Konzentration bleibt in einem sauerstoff- und glucosehaltigen Medium längere Zeit konstant[34]. In einem mit isotonischer Salzlösung hergestellten Homogenat, in dem vermutlich die Mitochondrien teilweise intakt sind, bleibt ein Cozymasegehalt von etwa 25% der Norm erhalten, sogar ohne die Zugabe von Nicotinamid[34, 7]. Dagegen enthalten wäßrige Gehirnextrakte keine Cozymase und können nur durch Zugabe von Cozymase und Nicotinamid zur Glykolyse befähigt werden[40].

Es ist besonders bemerkenswert, daß die Nicotinamid-Nucleotidase nur die oxydierte Form der beiden Coenzyme angreift. Dies ließ daran denken, daß dieses so wirksame Enzym eine Rolle bei der Regulierung des Elektronentransportes spielt[72]. Vorderhand ist es indessen nicht gelungen, die Umkehrbarkeit der Reaktion zu demonstrieren.

Der Citronensäurezyklus im Nervengewebe.

Was nun den oxydativen Stoffwechsel der Glucose betrifft, so nimmt man an, daß zunächst Brenztraubensäure gebildet wird, und zwar im wesentlichen auf dem Weg des glykolytischen Abbaus. Die weitere Oxydation der Brenztraubensäure erfolgt wohl zweifellos auch im Nervengewebe auf dem Weg des Citronensäurezyklus. Das Nervengewebe besitzt die erforderliche Ausrüstung an Enzymen und Coenzymen und die Gültigkeit des Schemas geht, um nur die wichtigsten zu erwähnen, aus folgenden Beobachtungen hervor: 1. Es kommt im Gehirnbrei aerob in Gegenwart von Malonsäure zu einer Anhäufung von Bernsteinsäure[126]. 2. Die Oxydation der Brenztraubensäure wird im dialysierten Homogenat von C_4-Dicarbonsäuren katalytisch gesteigert[5]. 3. Die Brenztraubensäureoxydation im dialysierten Gehirnhomogenat führt in Abwesenheit von Dicarbonsäuren im wesentlichen zu Essigsäure, in Gegenwart von Dicarbonsäuren dagegen zu Citronen- und Ketoglutarsäure[17]. 4. Nach Vergiftung mit Fluoressigsäure findet man im Gehirn eine Erhöhung der Citronensäurekonzentration auf das 8fache[9]. Aber auch hier gab es Beobachtungen, die mit dem Funktionieren des Citronensäurezyklus im Gehirn nicht ohne weiteres zu vereinbaren waren. So werden z. B. in Gehirnschnitten Fumarsäure und Äpfelsäure sehr viel langsamer abgebaut als Glutaminsäure oder Ketoglutarsäure. Das erklärt sich wohl dadurch, daß Fumar- und Äpfelsäure zur Anhäufung der hemmenden Oxalessigsäure Anlaß geben, während diese in Gegenwart von Glutaminsäure durch Umaminierung fortlaufend beseitigt wird. Hier, wie auf dem Gebiet der Glykolyse lösen sich die scheinbaren Widersprüche auf, wenn man berücksichtigt, daß man es in den verschiedenen Geweben mit verschieden zusammengesetzten komplizierten Multi-Enzymsystemen zu tun hat.

Die neuesten Untersuchungen von LYNEN, OCHOA und Mitarbeitern[70, 116, 95, 117, 60] haben gezeigt, daß die sog. aktive Form der Essigsäure, die sich lange dem Nachweis entzog, identisch ist mit Acetyl-Coenzym A. Tierische Gewebe enthalten ein Enzym, das die Acetylgruppe dieser Verbindung auf Oxalessigsäure überträgt. Dabei entsteht Citronensäure durch Kondensation. Im Gehirn wurde das Kondensierungsenzym in beträchtlicher Menge nachgewiesen[95]. Ein anderes im Nervengewebe vorkommendes acetylierendes Enzym, die Cholinacetylase, überträgt die Acetylgruppe von Acetyl-Coenzym A auf Cholin[117]. Acetyl-Coenzym A entsteht in tierischen Geweben entweder aus Brenztraubensäure und Coenzym A, wobei die Mitwirkung von Cocarboxylase und Cozymase erforderlich ist[60], oder aus Essigsäure, Coenzym A und ATP, jedoch ohne daß dabei Acetylphosphat als freie Zwischenstufe auftritt[116].

Von historischem Interesse ist die Tatsache, die hier nicht unerwähnt bleiben soll, daß die Untersuchung der Brenztraubensäureoxydation im Gehirn den ersten definitiven Hinweis auf einen Zusammenhang zwischen Vitaminen und Enzymfunktionen erbrachte[114, 100].

Die Oxydation von Glucose-6-phosphat.

Es erhebt sich nun die Frage, inwieweit der oxydative Abbau der Glucose von der glykolytischen Reaktionsfolge eingeleitet wird. Wie aus den Untersuchungen von WARBURG[124], LIPMANN[65] und DICKENS[21] hervorgeht, besteht daneben eine andere Möglichkeit, nämlich die der Oxydation von Glucose-6-phosphat zu Phosphogluconsäure und darüber hinaus. Wie vor kurzem gezeigt wurde[48], erfolgt die Oxydation der Phosphogluconsäure nicht, wie bisher angenommen wurde, an C_2, sondern wahrscheinlich an C_3 und führt nach Decarboxylierung zum Ribulosephosphat (Abb. 2). Letzteres steht mit Ribose-5-phosphat in einem durch eine Isomerase katalysierten Gleichgewicht. Die weitere Umsetzung

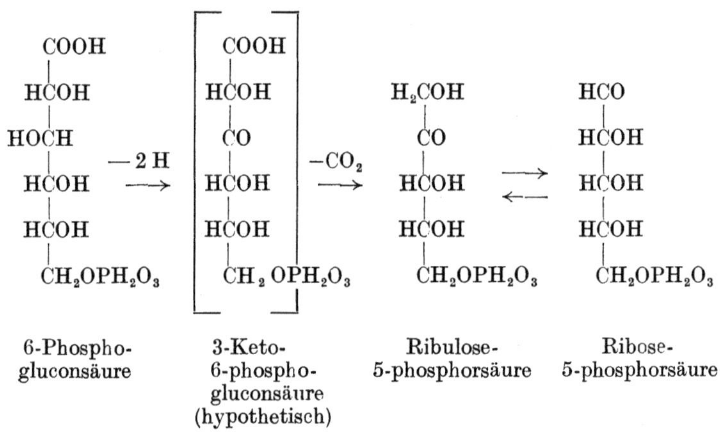

Abb. 2,

des Ribosephosphats ist noch ungewiß, doch lassen die Befunde von SCHLENK und WALDVOGEL[110, 123] vermuten, daß es einer Spaltung in eine 2- und eine 3-C-Verbindung unterliegt. Ähnliche Reaktionen kommen in gewissen Bakterien vor[32, 35], wo sie anscheinend den Hauptweg des Glucoseabbaus darstellen (Heteromilchsäuregärung).

Die Enzyme, die für die Oxydation des Glucosephosphats zu Ribosephosphat verantwortlich sind, kommen nicht nur in der Hefe, sondern auch in tierischen Geweben, einschließlich des Gehirns, vor[22, 47]. Sie sind spezifisch von Coenzym-II abhängig. Das Gehirn ist jedoch verhältnismäßig arm an Coenzym-II, das hier nur etwa 5% der Cozymasekonzentration ausmacht[34]. Diese Tatsache spricht nicht dafür, daß der Abbauweg über das Ribosephosphat quantitativ von großer Bedeutung ist.

Der Elektronentransport im Nervengewebe.

Man hat keinen Grund zur Annahme, daß das Elektronentransportsystem des Nervengewebes wesentlich von den Verhältnissen abweicht, die auf tierische Gewebe im allgemeinen zutreffen. In Abb. 3 ist der heutige Stand unserer Kenntnisse

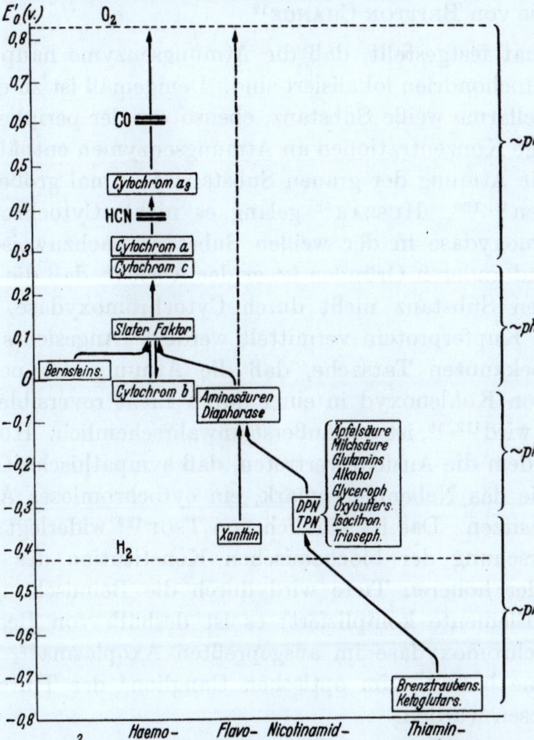

Abb. 3. Schema des Elektronentransports in tierischen Geweben. Oxydasen und Dehydrogenasen sind durch ihr Substrat angezeigt, z. B. Xanthin = Xanthinoxydase, Bernsteins. ist Bernsteinsäuredehydrogenase, usw. DPN = Diphosphopyridinnucleotid = Cozymase, TPN = Triphosphopyridinnucleotid = Coenzym-II, ~ph = energiereiche Phosphatbindung.

skizziert, wobei wesentliche Lücken mit mehr oder weniger Phantasie ausgefüllt wurden. Dies ist nicht der Ort, die Einzelheiten des Schemas zu besprechen und es sei hierfür auf einen anderswo erscheinenden Artikel verwiesen[129]. Im Schema der Abb. 3 sind die an der Atmung teilnehmenden Enzyme gruppenweise auf einer Potentialskala eingetragen, und zwar so, daß ihre Position jeweils ungefähr ihrem E'_0-Wert entspricht. Es wurde angenommen, daß in der Zelle die Thiaminenzyme an ein Nicotinamidsystem, und die Flavoproteine an das Cytochromsystem angeschaltet sind (vgl.[129]). Die Relegierung des Cytochroms b auf ein Nebengeleise des Systems stützt sich auf die jüngsten Ergebnisse von BRITTON CHANCE[12].

Man hat festgestellt, daß die Atmungsenzyme hauptsächlich in den Mitochondrien lokalisiert sind. Demgemäß ist zu erwarten, daß die zellarme weiße Substanz, ebenso wie der periphere Nerv, nur geringe Konzentrationen an Atmungsenzymen enthält. In der Tat ist die Atmung der grauen Substanz 4—5mal größer als die der weißen[45, 109]. HUSZÁK[52] gelang es nicht, Cytochrome oder Cytochromoxydase in der weißen Substanz nachzuweisen. Aus diesem und anderen Gründen ist er der Ansicht, daß die Atmung der weißen Substanz nicht durch Cytochromoxydase, sondern durch ein Kupferprotein vermittelt werde[54]. Angesichts der seit langem bekannten Tatsache, daß die Atmung des peripheren Nerven von Kohlenoxyd in einer durch Licht reversiblen Weise gehemmt wird[112, 15], ist das äußerst unwahrscheinlich. HUSZÁK[51,53] hat außerdem die Ansicht vertreten, daß sympathische Ganglien, ebenso wie das Nebennierenmark, ein cytochromloses Atmungssystem besitzen. Das ist kürzlich von TSOU[122] widerlegt worden. Die Erforschung der biochemischen Konstitution des Nervensystems der höheren Tiere wird durch die Beimischung nichtnervöser Elemente kompliziert; es ist deshalb von Bedeutung, daß Cytochromoxydase im ausgepreßten Axoplasma[92], und die Cytochrome b und c im optischen Ganglion[4] des Tintenfisches nachgewiesen wurden.

Die oxydative Phosphorylierung.

Wie in anderen Geweben, so ist auch im Gehirn die Atmung mit einer Veresterung anorganischen Phosphats gekoppelt. Wie das im Schema der Abb. 3 angedeutet ist, nimmt man an, daß pro Elektronenpaar je eine energiereiche Phosphatbindung in den folgenden 3 Stationen des Elektronentransports entsteht: 1. vom Nicotinamid-Enzym zum Flavoprotein, 2. vom Flavoprotein zum Cytochrom c und 3. vom Cytochrom c zum Sauerstoff. Die an diese Reaktionen geknüpften Phosphorylierungen werden von 2:4-Dinitrophenol stark gehemmt. Eine vierte energiereiche Phosphatbindung entsteht wahrscheinlich während des Elektronenübergangs von Thiaminenzymen auf das Niveau der Nicotinamidenzyme, und diese Phosphorylierung scheint sehr viel weniger Dinitrophenol-empfindlich zu sein[6, 50, 57]. Gemäß dem Schema entspricht die Bildung energiereicher Phosphatbindungen im Atmungsprozeß einer Energieausbeute von 65—70%. Die experimentellen Resultate stimmen sehr gut mit der Theorie überein, in bezug sowohl auf die totale, wie auf die partiellen Reaktionen[49, 62, 57]. Mitochondrienfraktionen aus Leber oder Niere sind am besten geeignet für diese Versuche, die bei niedriger Temperatur (nicht höher als 15°) auszuführen sind. Bisher ist es nicht gelungen, ähnlich gute Ergebnisse mit Gehirnpräparaten zu erzielen. Daran mag schuld sein, daß — mit einer Ausnahme[8] — die Versuche nicht mit Mitochondrienpräparaten, sondern mit isotonischen Homogenaten ausgeführt wurden, oder aber daß bisher durchweg eine zu hohe Temperatur für den Versuch gewählt wurde. Immerhin wurde von einer Reihe von Autoren, mit Pyruvat oder Ketoglutarat als Substrat, ein P/O-Verhältnis von 2—3 gefunden[93, 101, 25, 33, 11].

Die oxydative Phosphorylierung ist nicht nur für die Ausnutzung der chemischen Energie, sondern auch für die Kontrolle der Reaktionsgeschwindigkeiten in der Zelle von ausschlaggebender Bedeutung. Wir haben bereits gesehen, wie der Ablauf der Glykolyse von der Konzentration des anorganischen Phosphats, der Phosphatakzeptoren und -Donatoren und der damit verbundenen phosphorylierenden und dephosphorylierenden Enzyme abhängt. Aber es handelt sich hier um ein ganz allgemeingültiges Prinzip. Der ungestörte Ablauf der oxydativen, wie der glykolytischen Prozesse hängt davon ab, daß einerseits genügend anorganisches Phosphat und genügend Phosphatakzeptoren zur Verfügung stehen und daß andererseits die gebildeten energiereichen Phosphatbindungen fortlaufend entladen werden. Wenn im Entladungsprozeß eine Stockung eintritt, so wird der gesamte Stoffwechsel gebremst; wenn dagegen die oxydative Phosphorylierung, z. B. durch spezifische Gifte, unterbunden wird, so kommt es zu einem Zustand, in dem der Stoffwechsel auf vollen Touren läuft.

Die Pasteursche Reaktion.

Diese Vorstellungen haben neues Licht auf die sog. Pasteursche Reaktion geworfen. In den älteren Theorien stand die Rolle des Sauerstoffs im Vordergrund. Heute sieht man im Energiebedarf der Zelle und in der davon abhängigen Entladung der energiereichen Phosphatbindungen den entscheidenden Faktor. Durch Sauerstoffausschluß werden die oxydativen Phosphorylierungen unterbunden; an ihre Stelle tritt die an den glykolytischen Prozeß gebundene Phosphorylierung. Dabei wird aber pro Glucosemolekül 12mal weniger Energie geliefert als bei der Oxydation. Es wird also zu einem Überwiegen der Phosphatentladung über die Phosphataufladung kommen, die teilweise durch erhöhten Umsatz kompensiert werden kann. Dies ist aber nur ein Spezialfall eines Mißverhältnisses zwischen Energieangebot und Energiebedarf. Es gibt eine Reihe von Beobachtungen, die beweisen, daß dem Sauerstoff als solchem keine Bedeutung in der Regulierung der Pasteurschen Reaktion zukommt. MCILWAIN[74, 75] hat Methoden entwickelt, mit denen es möglich ist, Gehirnschnitte oder kleine Gehirnfragmente im WARBURGschen Apparat elektrisch zu reizen. Während der Reizung steigt die Atmung auf etwa das Doppelte, die aerobe Glykolyse auf das Dreifache. Aber selbst während der Periode der erhöhten Atmung beträgt die Grenzschnittdicke nicht weniger als etwa 0,4 mm, so daß eine ungenügende Sauerstoffdiffusion in diesen Versuchen sehr unwahrscheinlich ist. Die elektrische Reizung führt außerdem zu einem Zerfall von Kreatinphosphat, ein Beweis für den erhöhten Abbau energiereicher Phosphatbindungen[77, 79].

Ferner hat man interessante Unterschiede zwischen Gehirnhomogenaten gefunden, je nachdem sie in Wasser oder in isotonischer Salzlösung dargestellt wurden. Wie Tab. 1 zeigt, hat ein mit den nötigen Co-Faktoren versetztes Wasserhomogenat

Tabelle 1. *Der Stoffwechsel von Gehirnhomogenaten (Ratte) in Wasser und in isotonischer Salzlösung.*

	Q_{O_2}	$Q_M^{O_2}$	$Q_M^{N_2}$	Autoren
Wasserhomogenat (mit Co-Faktoren)	15—19	61—74	59—72	105
Salzhomogenat	6—10	0—1,3	10—15	27, 28, 7

einen sehr viel höheren Umsatz als ein Salzhomogenat, und letzteres spricht auch auf den Zusatz von Co-Faktoren nicht wesentlich an[7]. Was besonders auffällt, ist, daß im Wasserhomogenat, im Gegensatz zum Salzhomogenat, die Pasteursche Reaktion vollständig aufgehoben ist. Dies kann man folgendermaßen erklären: soviel wir wissen, ist die oxydative Phosphorylierung von der Unversehrtheit der Mitochondrien abhängig[102]. Im Wasserhomogenat werden die Mitochondrien osmotisch zerstört, während sie im Salzhomogenat teilweise erhalten bleiben[44]. Daher ist wohl die Aufhebung der Pasteurschen Reaktion im Wasserhomogenat auf den Ausfall der oxydativen Phosphorylierung zurückzuführen. Diese Deutung wird dadurch bestärkt, daß man gefunden hat, daß gewisse spezifische Hemmstoffe der Pasteurschen Reaktion, wie Phenosafranin[11, 58], Dinitrophenol[68,58] und in gewissem Grade auch Glutaminsäure[76], die oxydative Phosphorylierung in spezifischer Weise hemmen.

Schließlich sei noch ein Versuch angeführt, der den Bremseffekt energiereicher Phosphatbindungen besonders deutlich vor Augen führt; man hat gefunden, daß im gewaschenen Herzmuskelhomogenat der Pyruvatumsatz verdoppelt oder verdreifacht wird, wenn man durch Zusatz von Glucose und Hefehexokinase für eine fortlaufende Entladung von ATP-Phosphat sorgt[104]. Übrigens haben schon Ostern und Mann[99] gezeigt, daß ein Zusatz von ATP die aerobe Glykolyse im Muskelbrei hemmt.

Diese Beispiele sollen genügen, um die moderne Auffassung der Pasteurschen Reaktion, die zuerst von Lennerstrand[63], Johnson[56] und Lynen[69] formuliert wurde, zu begründen.

Stoffwechsel und Funktion.

Die energiereichen Phosphatverbindungen werden im Gehirn mindestens ebenso rasch umgesetzt wie etwa in Leber oder Muskel[64]. Ihre Verknüpfung mit der Funktion kommt in den Konzentrationsänderungen zum Ausdruck, die man unter gewissen Bedingungen findet. Für diese Untersuchungen ist es wesentlich, postmortale Prozesse, die in wenigen Sekunden große Ausmaße erreichen können, auszuschalten. Zu diesem Zweck benutzt man die Methode der Fixierung in flüssiger Luft ohne vorherige Dekapitierung, ein Eingriff, der zu vermeiden ist, da er eine extreme konvulsive Reizung des Gehirns bewirkt. Kleine Tiere werden

Tabelle 2. *Der Einfluß des Funktionszustands auf den Stoffwechsel des Gehirns verschiedenartiger Versuchstiere.*
Die Zahlen geben ungefähr die prozentuale Abweichung von der Normalkonzentration an.

	Glykogen	Milchsäure	Anorg. P	Creatin-P	Pyro-P oder ATP	Acetylcholin	NH_3	Glutaminsäure	Glutamin	Autoren
Hypoxie	0	+ 550	+ 38	—52			+190			37, 108, 98
HCN-Vergiftung	—35	+ 300	+ 50 bis +174	—50	—60					118, 3, 96
Akute Morphinvergiftung	+22	+1500	+ 36	—50						1
Krampfmittel oder elektr. Reizung	—31 +75*	+25 bis +510	0 bis +60	0 bis —72	0 bis —62	—55	+65	0	0	118, 59, 120, 107, 20, 106, 108, 19, 36, 98
Dekapitierung, Gehirntrauma		+ 460	+180	—74	— 43		+68			119, 78, 108
Hypoglykäm. Coma	—70	0 bis —86	+ 70	—50	—100		0	—27	0	118, 97, 18
Schlaf		—35	— 10	0	— 10	+15				107, 20, 105
Narkose	+25	—50	— 20	+36	+ 10	+32	—60	—33	+14	118, 119, 107, 20, 106, 26, 108, 19, 55

* in Mäusen (14)

in toto in flüssige Luft eingetaucht, bei größeren Tieren gießt man die flüssige Luft über die bloßgelegten Hemisphären.

Tab. 2 gibt eine Übersicht über einige mit dieser Methode erhaltenen Ergebnisse. Sie lassen sich dahingehend zusammenfassen, daß im Zustand herabgesetzter Funktion, wie im Schlaf oder der Narkose, die energiereichen Phosphatverbindungen angereichert werden, während sie im Zustand gesteigerter Funktion, ebenso wie in Vergiftungs- und Erstickungszuständen, abgebaut werden. Die Folge ist eine Steigerung der Glykolyse, gekennzeichnet durch erhöhte Milchsäurebildung, es sei denn, daß, wie in der Hypoglykämie, die Kohlenhydratvorräte aufgebraucht sind. Ein etwas aus dem Rahmen fallendes Ergebnis ist das Ansteigen des Glykogens, das nach Krampfanfällen in Mäusen beobachtet wurde[13, 14].

Die im Gehirn narkotisierter Tiere gefundenen Konzentrationsänderungen sind für die Theorie der Narkose von

Bedeutung. Bekanntlich ist der Sauerstoffverbrauch des Gehirns in der Narkose reduziert, in vivo[111, 43] sowohl als in vitro[103]. Die Frage wurde viel diskutiert, ob die Funktionseinschränkung durch eine Atmungshemmung bedingt ist oder ob umgekehrt der verminderte Sauerstoffverbrauch der Ausdruck eines verminderten Bedarfs ist[10]. Die in der Tabelle angeführten Ergebnisse sprechen eindeutig im Sinne der zweiten Alternative, da im Gefolge einer primären Atmungshemmung eine Erschöpfung und nicht eine Anreicherung der Energiereservoire zu erwarten wäre.

Tab. 2 enthält auch einige Daten über die Konzentrationsänderungen des Ammoniaks, der Glutaminsäure und des Glutamins im Gehirn. Es würde zu weit führen, hier das Problem des Ammoniaks im Gehirnstoffwechsel und die damit eng verbundene Rolle der Glutaminsäure und des Glutamins im einzelnen zu besprechen und es mag statt dessen auf zwei kürzlich erschienene Artikel verwiesen werden[127, 128]. Hier soll nur betont werden, daß eine Steigerung der Gehirnfunktion zu einem Ansteigen, eine Ruhestellung zu einem Abfall der Ammoniakkonzentration führt.

Die Konzentrationsänderungen des Acetylcholins erfolgen in umgekehrter Richtung. Dies ist von besonderem Interesse, da das Acetylcholin in besonders enger Beziehung zum nervösen Geschehen steht. Das Verhalten des Gehirnacetylcholins während

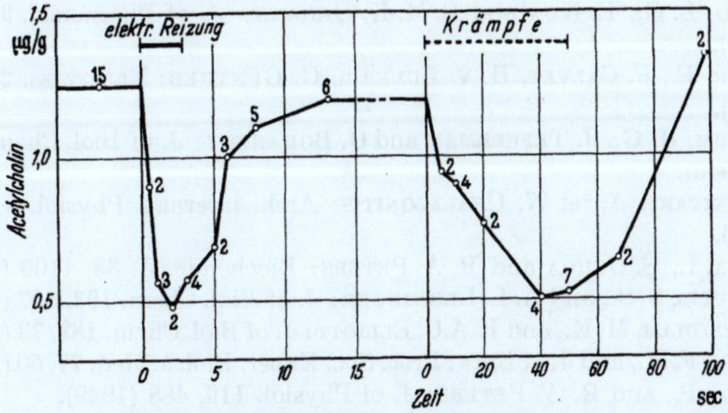

Abb. 4. Die Wirkung elektrischer Reizung auf den Acetylcholingehalt des Gehirns. Nach D. RICHTER und J. CROSSLAND[106].

Jeder Punkt stellt den Mittelwert für 2 oder mehr Tiere dar; die Zahl der Versuche ist bei jedem Punkt angegeben. Die Reizperiode betrug 3 Sekunden, abgesehen von Versuchen, in denen nach einer kürzeren Reizperiode getötet wurde. Die Latenzperiode vor dem Einsetzen der Krämpfe betrug in verschiedenen Versuchstieren 8—15 Sekunden. Die während und nach dem Krampfanfall erhaltenen Werte sind deshalb auf einer besonderen Zeitskala aufgetragen, mit Nullpunkt im Augenblick des Einsetzens der Krämpfe.

elektrischer Reizung wurde von RICHTER und CROSSLAND[106] genauer untersucht. Abb. 4 ist ihrer Arbeit entnommen; sie zeigt einen plötzlichen Sturz unmittelbar nach der Einschaltung des Stromes und anschließend eine Rückkehr zum Ausgangswert. Klonische Krämpfe begannen 8—15 sec später und gleichzeitig erfolgte ein zweiter Abfall der Konzentration. Mit der Erschöpfung des Acetylcholins kamen die Krämpfe zum Stillstand; dies läßt vermuten, daß ein adäquater Stand des Acetylcholinniveaus für die konvulsive Tätigkeit erforderlich ist.

Schlußbemerkung.

Es war der Zweck dieser Ausführungen, zu zeigen, daß die Vorstellungen vom Energiestoffwechsel, die in den letzten 10 Jahren entwickelt wurden, aufs Nervengewebe anwendbar sind. Fortschritte sind wohl zu verzeichnen, aber man darf nicht übersehen, daß es bisher dem Biochemiker kaum gelungen ist, durch die Sphäre der fundamentalen Zellökonomie hindurch in die Sphäre der spezifischen Leistungen des Nervengewebes einzudringen. Jedenfalls ist noch ein weiter Weg zurückzulegen, bis wir die biochemischen Vorgänge verstehen, die den höheren Funktionen des Nervensystems und ihren krankhaften Äußerungen zugrunde liegen.

Literatur.

1 ABOOD, L. G., E. KUN and E. M. K. GEILING: J. of Pharmacol. **98**, 373 (1950).

2 ADLER, E., F. CALVET, H. v. EULER u. G. GÜNTHER: Naturwiss. **25**, 282 (1937).

3 ALBAUM, H. G., J. TEPPERMAN and O. BODANSKY: J. of Biol. Chem. **164**, 45 (1946).

4 ARVANITAKI, A., et N. CHALAZONITIS: Arch. internat. Physiol. **54**, 441 (1947).

5 BANGA, I., S. OCHOA and R. A. PETERS: Biochemic. J. **33**, 1109 (1939).

6 BARKULIS, S. S., and A. L. LEHNINGER: J. of Biol. Chem. **193**, 597 (1951).

7 BIRMINGHAM, M. K., and K.A.C. ELLIOTT: J. of Biol. Chem. **189**, 73 (1951).

8 BRODY, F. M., and J.A. BAIN: Proc. Soc. Exper. Biol. a. Med. **77**, 50 (1951).

9 BUFFA, P., and R. A. PETERS: J. of Physiol. **110**, 488 (1949).

10 BUTLER, T. C.: J. of Pharmacol. II **98**, 121 (1950).

11 CASE, E. M., and H. MCILWAIN: Biochemic. J. **48**, 1 (1951).

12 CHANCE, B.: Nature (Lond.) **169**, 215 (1952).

13 CHANCE, M. R. A.: Brit. J. Pharmacol. **6**, 1 (1951).

14 CHANCE, M. R. A., and D. C. YAXLEY: J. of Exper. Biol. **27**, 311 (1950).

15 CHANG, T. H., and R. W. GERARD: Amer. J. Physiol. **97**, 511 (1931).

16 Chernick, S. S., I. L. Chaikoff and S. Abraham: J. of Biol. Chem. **193**, 793 (1951).
17 Coxon, R. V., C. Liébecq and R. A. Peters: Biochemic. J. **45**, 320 (1949).
18 Dawson, R. M. C.: Biochemic. J. **47**, 386 (1950).
19 Dawson, R. M. C.: Biochemic. J. **49**, 138 (1951).
20 Dawson, R. M. C., and D. Richter: Amer. J. Physiol. **160**, 203 (1950).
21 Dickens, F.: Biochemic. J. **32**, 1626, 1645 (1938).
22 Dickens, F., and G. E. Glock: Biochemic. J. **50**, 81 (1951).
23 Dickens, F., and G. D. Greville: Biochemic. J. **27**, 832 (1933).
24 Dickens, F., and G. D. Greville: Biochemic. J. **27**, 1123 (1933).
25 Eiler, J. J., and W. K. McEwen: Arch. of Biochem. **20**, 163 (1949).
26 Elliott, K. A. C., and N. Henderson: Amer. J. Physiol. **165**, 365 (1951).
27 Elliott, K. A. C., and B. Libet: J. of Biol. Chem. **143**, 227 (1942).
28 Elliott, K. A. C., and M. Henry: J. of Biol. Chem. **163**, 361 (1946).
29 Elliott, K. A. C., D. B. McN. Scott and B. Libet: J. of Biol. Chem. **146**, 251 (1942).
30 Geiger, A.: Nature (Lond.) **141**, 373 (1938).
31 Geiger, A.: Biochemie. J. **34**, 465 (1940).
32 Gest, H., and J. O. Lampen: J. of Biol. Chem. **194**, 555 (1952).
33 Goranson, E. S., and S. D. Erulcar: Arch. of Biochem. **24**, 40 (1949).
34 Gore, M., F. Ibbot and H. McIlwain: Biochemic. J. **47**, 121 (1950).
35 Gunsalus, I. C., and M. Gibbs: J. of Biol. Chem. **194**, 871 (1952).
36 Gurdjian, E. S., J. E. Webster and W. E. Stone: Res. Publ. Assoc. Nerv. Ment. Dis. **26**, 184 (1947).
37 Gurdjian, E. S., J. E. Webster and W. E. Stone: Amer. J. Physiol. **156**, 149 (1949).
38 Handler, P., and J. R. Klein: J. of Biol. Chem. **143**, 49 (1942).
39 Harpur, R. P., and J. H. Quastel: Nature (Lond.) **164**, 693 (1949).
40 Harpur, R. P., and J. H. Quastel: Nature (Lond.) **164**, 779 (1949).
41 Himwich, H. E., and J. F. Fazekas: Endocrinology **21**, 800 (1937).
42 Himwich, W. A., and H. E. Himwich: J. of Neurophysiol. **9**, 133 (1946).
43 Himwich, W. A., E. Homberger, R. Maresca and H. E. Himwich: Federat. Proc. **5**, 47 (1946).
44 Hogeboom, G. H., W. C. Schneider and G. E. Pallade: J. of Biol. Chem. **172**, 619 (1948).
45 Holmes, E.: Biochemic. J. **24**, 914 (1903).
46 Holmes, E.: Annual Rev. Biochem. **3**, 381 (1934).
47 Horecker, B. L., and P. Z. Smyrniotis: J. of Biol. Chem. **193**, 371 (1950).
48 Horecker, B. L., P. Z. Smyrniotis and J. E. Seegmiller: J. of Biol. Chem. **193**, 383 (1951).
49 Hunter, F. E. jr., and W. S. Hixon: J. of Biol. Chem. **181**, 73 (1949).
50 Hunter, F. E. jr., and S. Spector: Federat. Proc. **10**, 201 (1951).
51 Huszák, I.: Biochem. Z. **252**, 397 (1932).
52 Huszák, I.: Biochem. Z. **298**, 137 (1938).
53 Huszák, I.: Biochem. Z. **312**, 330 (1942).

54 HUSZÁK, I.: Acta chem. scand. (Copenh.) **1**, 813 (1947).
55 IVANENKO, E. F., and A. O. VOINAR: Bjul. Eksper. Biol. Med. **14**, 11 (1942).
56 JOHNSON, M. J.: Science (Lancaster, Pa.) **94**, 200 (1941).
57 JUDAH, J. D.: Biochemic. J. **49**, 271 (1951).
58 JUDAH, J. D., and H. G. WILLIAMS-ASHMAN: Biochemic. J. **48**, 33 (1951).
59 KLEIN, J. R., and N. S. OLSEN: J. of Biol. Chem. **167**, 747 (1947).
60 KORKES, S., A. DEL CAMPILLO, I. C. GUNSALUS and S. OCHOA: J. of Biol. Chem. **193**, 721 (1951).
61 LARDY, H. A., V. D. WIEBELHAUS and K. M. MANN: J. of Biol. Chem. **187**, 325 (1950).
62 LEHNINGER, A. L., and S. W. SMITH: J. of Biol. Chem. **181**, 415 (1949).
63 LENNERSTRAND, A.: Naturwiss. **25**, 347 (1937).
64 LINDBERG, O., and L. ERNSTER: Biochemic. J. **46**, 43 (1950).
65 LIPMANN, F.: Nature (Lond.) **138**, 588 (1936).
66 LIPMANN, F.: Adv. Enzymol. **1**, 99 (1941).
67 LOEBEL, R. O.: Biochem. Z. **161**, 219 (1925).
68 LOOMIS, W. F., and F. LIPMANN: J. of Biol. Chem. **173**, 807 (1948).
69 LYNEN, F.: Liebigs Ann. **546**, 120 (1941).
70 LYNEN, F., and E. REICHERT: Angew. Chem. **63**, 47 (1951).
71 MACFARLANE, M. G., and H. WEIL-MALHERBE: Biochemic. J. **35**, 1 (1941).
72 MCILWAIN, H.: Nature (Lond.) **163**, 641 (1949).
73 MCILWAIN, H.: Biochemic. J. **46**, 612 (1950).
74 MCILWAIN, H.: Biochemic. J. **49**, 382 (1951).
75 MCILWAIN, H.: Biochemic. J. **50**, 132 (1951).
76 MCILWAIN, H.: J. Ment. Sci. **97**, 674 (1951).
77 MCILWAIN, H., G. ANGUIANO and J. D. CHESHIRE: Biochemic. J. **50**, 12 (1951).
78 MCILWAIN, H., L. BUCHEL and J. D. CHESHIRE: Biochemic. J. **48**, 12 (1951).
79 MCILWAIN, H., and M. B. R. GORE: Biochemic. J. **50**, 24 (1951).
80 MCILWAIN, H., and R. RODNIGHT: Biochemic. J. **44**, 470 (1949).
81 MENDEL, B.: Klin. Wschr. **8**, 169 (1929).
82 MEYERHOF, O.: Bull. Soc. Chim. biol. Paris **20**, 1335 (1938).
83 MEYERHOF, O.: Arch. of Biochem. **13**, 485 (1947).
84 MEYERHOF, O.: J. of Biol. Chem. **157**, 105 (1945).
85 MEYERHOF, O.: J. of Biol. Chem. **180**, 575 (1949).
86 MEYERHOF, O., and N. GELIAZKOWA: Arch. of Biochem. **12**, 405 (1947).
87 MEYERHOF, O., u. K. LOHMANN: Biochem. Z. **171**, 380 (1926).
88 MEYERHOF, O., and E. PERDIGON: Enzymologia **8**, 353 (1940).
89 MEYERHOF, O., and J. R. WILSON: Arch. of Biochem. **14**, 71 (1947).
90 MEYERHOF, O., and J. R. WILSON: Arch. of Biochem. **17**, 153 (1948).
91 MEYERHOF, O., and J. R. WILSON: Arch. of Biochem. **19**, 502 (1948).
92 NACHMANSOHN, D., H. B. STEINBACH, A.L. MACHADO and S. SPIEGELMAN: J. of Neurophysiol. **6**, 203 (1943).
93 OCHOA, S.: J. of Biol. Chem. **138**, 751 (1941).
94 OCHOA, S.: J. of Biol. Chem. **141**, 245 (1941).

95 OCHOA, S., J. R. STERN and M. C. SCHNEIDER: J. of Biol. Chem. **193**, 691 (1951).
96 OLSEN, N. S., and J. R. KLEIN: J. of Biol. Chem. **167**, 739 (1947).
97 OLSEN, N. S., and J. R. KLEIN: Arch. of Biochem. **13**, 343 (1947).
98 OLSEN, N. S., and J. R. KLEIN: Res. Publ. Assoc. Nerv. Ment. Dis. **26**, 118 (1947).
99 OSTERN, P., u. T. MANN: Biochem. Z. **276**, 408 (1935).
100 PETERS, R. A.: Lancet I, 1161 (1936).
101 POTTER, V. R.: J. Cell. Comp. Physiol. **26**, 87 (1945).
102 POTTER, V. R., G. A. LE PAGE and H. L. KLUG: J. of Biol. Chem. **175**, 619 (1948).
103 QUASTEL, J. H.: Trans. Faraday Soc. **39**, 348 (1943).
104 RABINOWITZ, M., M. P. STULBERG and P. D. BOYER: Science (Lancaster, Pa.) **114**, 641 (1951).
105 REINER, J. M.: Arch. of Biochem. **12**, 327 (1947).
106 RICHTER, D., and J. CROSSLAND: Amer. J. Physiol. **159**, 247 (1949).
107 RICHTER, D., and R. M. C. DAWSON: Amer. J. Physiol. **154**, 73 (1948).
108 RICHTER, D., and R. M. C. DAWSON: J. of Biol. Chem. **176**, 1199 (1948).
109 ROSENTHAL, O., H. SHENKIN, D. L. DRAKBIN, W. M. PARKINS and M. H. GIBBON: Amer. J. Physiol. **144**, 334 (1945).
110 SCHLENK, F., and M. J. WALDVOGEL: Arch. of Biochem. **12**, 181 (1947).
111 SCHMIDT, C. F., S. S. KETY and H. H. PENNES: Amer. J. Physiol. **143**, 33 (1945).
112 SCHMITT, F. O.: J. of Physiol. **95**, 650 (1930).
113 SHORR, E., S. B. BARKER and M. MALAM: Science (Lancaster, Pa.) **87**, 168 (1938).
114 SIMOLA, P. E.: Biochem. Z. **254**, 229 (1932).
115 SLEIN, M. W., G. T. CORI and C. F. CORI: J. of Biol. Chem. **186**, 763 (1950).
116 STERN, J. R., and S. OCHOA: J. of Biol. Chem. **191**, 161 (1951).
117 STERN, J. R., B. SHAPIRO, E. R. STADTMAN and S. OCHOA: J. of Biol. Chem. **193**, 703 (1951).
118 STONE, W. E.: Biochemic. J. **32**, 1908 (1938).
119 STONE, W. E.: J. of Biol. Chem. **135**, 43 (1940).
120 STONE, W. E., J. E. WEBSTER and E. S. GURDJIAN: J. of Neurophysiol. **8**, 233 (1945).
121 SÜLLMANN, H.: Biochem. Z. **296**, 342 (1938).
122 TSOU, C. L.: Biochemic. J. **49**, 658 (1951).
123 WALDVOGEL, M. J., and F. SCHLENK: Arch. of Biochem. **14**, 484 (1947).
124 WARBURG, O., W. CHRISTIAN u. A. GRIESE: Biochem. Z. **282**, 157 (1935).
125 WARBURG, O., K. POSENER u. E. NEGELEIN: Biochem. Z. **152**, 309 (1924).
126 WEIL-MALHERBE, H.: Biochemic. J. **31**, 299 (1937).
127 WEIL-MALHERBE, H.: Physiol. Rev. **30**, 549 (1950).
128 WEIL-MALHERBE, H.: Biochem. Soc. Symposia **8**, 16 (1952).
129 WEIL-MALHERBE, H.: „Oxidationsmechanisms" in Neuro-Chemistry-Thudichum Memorial Volume (im Druck).
130 WEIL-MALHERBE, H., and A. D. BONE: Biochemic. J. **49**, 339 (1951).

Diskussion.

OPITZ: Soviel mir bekannt ist, hat SLATER in Gehirnhomogenaten den P/O-Quotienten unter anaeroben Bedingungen bestimmt, indem er Cytochrom c anstelle von Sauerstoff als Wasserstoffakzeptor benutzte. Dabei blieb das Ausmaß der Phosphorylierung unverändert. Das würde bedeuten, daß die oberste Stufe des Elektronentransports, zwischen Cytochrom c und Sauerstoff, nicht mit einer Phosphorylierung gekoppelt ist. Das ist meine erste Frage. Die zweite ist folgende: Nach Ihrer Auffassung von der PASTEURschen Reaktion — ähnliches wurde auch von LYNEN einmal in Kiel diskutiert — wird, um in der alten WARBURGschen Terminologie zu sprechen, die Gewebsglykolyse durch die Atmung, aber nicht durch den Sauerstoffdruck gehemmt. Neueren Untersuchungen zufolge steigt jedoch der Milchsäuregehalt im Katzengehirn bereits, wenn die Tiere in einer 11%igen Sauerstoffatmosphäre atmen, obwohl wir wissen, daß unter diesen Bedingungen von einer Hemmung der Atmung noch keine Rede sein kann. Ich möchte Sie aus etwas egoistischen Motiven fragen, ob für diejenigen, die auf Grund funktioneller Beobachtungen den Eindruck haben, daß die Glykolyse vom Sauerstoffdruck und nicht von der Atmung gesteuert wird, nicht doch noch eine Hintertüre offen bleibt.

WEIL-MALHERBE: Zunächst die erste Frage: Ich kenne die Arbeit von SLATER [Nature (Lond.) **166**, 982 (1950)]. Es ist richtig, daß SLATER, der Herzmuskelgranula benutzte, ungefähr dieselbe Phosphorylierung beobachtete, wenn er den Sauerstoff durch Cytochrom c als Wasserstoffakzeptor ersetzte, und er hat daraus den Schluß gezogen, daß die Oxydation des Cytochrom c nicht zur Bildung einer energiereichen Phosphatbindung Anlaß gebe. Aber neuerdings hat JUDAH[57] gezeigt, daß bei der Oxydation von Cytochrom c pro Sauerstoffatom eine energiereiche Phosphatbindung gebildet wird. JUDAHs Versuche wurden mit Nierenmitochondrien ausgeführt; das oxydierte Cytochrom c wurde durch Ascorbinsäure (nichtenzymatisch) reduziert. Außerdem wissen wir, daß z. B. die Oxydation der β-Oxybuttersäure einen P/O-Quotienten von 3 hat. Das Potentialgefälle zwischen Nicotinamid-Enzymen und Cytochrom c reicht aber nur aus für die Bildung von etwa 2 energiereichen Phosphatbindungen pro Atom Sauerstoff, so daß man schon aus thermodynamischen Gründen eine weitere phosphorylierende Reaktion, die an die Oxydation des Cytochrom c gekuppelt ist, annehmen muß. Nun zur zweiten Frage: Ich gebe zu, daß LASER gefunden hat, daß die Milchsäurebildung in der Netzhaut mit sinkendem Sauerstoffdruck ansteigt, lange bevor die Atmung abfällt. Aber das scheint z. B. auf das Gehirngewebe nicht zuzutreffen: hier steigt die Glykolyse erst dann an, wenn die Atmung zu sinken beginnt [CRAIG, F. N., and H. K. BEECHER: J. of Neurophysiol. **6**, 135 (1943); ELLIOTT, K. A. C., and M. HENRY: J. of Biol. Chem. **163**, 356 (1946)]. Aber selbst wenn LASERs Beobachtungen allgemein gültig wären, so wäre es jedenfalls denkbar, daß die oxydative Phosphorylierung auf das Absinken des Sauerstoffdruckes empfindlicher reagiert als der Brutto-Sauerstoffverbrauch. Bekanntlich treten psychische Störungen und EEG-Unregelmäßigkeiten bei Sauerstoffdrucken auf, die den Sauerstoffverbrauch des Gehirns noch nicht beeinträchtigen. Nach CROSSLAND und

Richter (Abstr. 18th Internat. Physiol. Congr., Copenhagen 1950, p. 170) treten die EEG-Störungen im selben Augenblick auf, wie die Acetylcholinkonzentration des Gehirns zu fallen beginnt. Man kann die Acetylcholinkonzentration als ein empfindliches Barometer der oxydativen Phosphorylierung im Gehirn betrachten, und die Tatsache, daß sie bei sinkendem Sauerstoffdruck früher beeinträchtigt wird als die Atmung, weist darauf hin, daß man vielleicht doch nicht „Atmung" mit oxydativer Phosphorylierung gleichsetzen darf. Ich will die Bedeutung des Sauerstoffdrucks bei der Regulierung der Pasteurschen Reaktion nicht ableugnen, aber ich wollte betonen, daß der Sauerstoffdruck einer von mehreren Faktoren ist, die die Pasteursche Reaktion auf dem Umweg über die oxydative Phosphorylierung beeinflussen.

Martius (Tübingen): Sie haben die erste Stufe der Phosphorylierung in der Oxydation von Brenztrauben- und Ketoglutarsäure mit zur Atmungskettenphosphorylierung gerechnet. Das sollte man nicht tun. Die Phosphorylierung im Bereich der Wasserstoffübertragung ist eine Substratphosphorylierung, die von der Atmung nicht abgekoppelt werden kann. Ihr Mechanismus geht aus den Warburgschen Arbeiten ja ziemlich klar hervor. Es ist eine Reihe von Irrtümern dadurch entstanden, daß man die Substratphosphorylierung und die Atmungskettenphosphorylierung nicht streng genug getrennt hat. So spricht z. B. die Substratphosphorylierung auf Dinitrophenol ganz anders an als die eigentliche Atmungskettenphosphorylierung.

Helmreich (München): Kann man aus dem Befund, daß Fructose zwar die Atmung des Gehirngewebes unterhalten kann, aber anaerob nicht glykolysiert, den Schluß ziehen, daß zum Einschleusen der Fructose mehr ATP erforderlich ist als im Falle der Glucose?

Weil-Malherbe: Das ist mehr als eine Schlußfolgerung. Meyerhof hat direkt demonstriert, daß bei niedriger ATP-Konzentration Fructose sehr viel langsamer reagiert als Glucose.

Dirscherl (Bonn): Es wurde heute früh die Frage angeschnitten, ob die Methoden, die zum Glykogennachweis im Gehirn benutzt wurden, tatsächlich für Glykogen spezifisch sind und ob das Vorkommen von Glykogen im Gehirn einwandfrei feststeht. Man fragt sich, ob die kurze Überlebensdauer von Gehirnschnitten darauf zurückzuführen ist, daß die Glykogenreserven im Gehirn sehr geringfügig sind, oder ob das Gehirnglykogen in einer nicht mobilisierbaren Form vorliegt.

Weil-Malherbe: Ich glaube, daß man in die Methoden der Glykogenbestimmung Vertrauen haben kann. Himwich [Arch. Neurol. u. Psychiatr. **52**, 114 (1944)] hat z. B. gezeigt, daß in der Hypoglykämie die Glykogenreserven von der Rinde aus kaudalwärts im gleichen Maß wie die Funktionsfähigkeit der entsprechenden Zentren abnehmen. Aber es besteht kein Zweifel daran, daß die Glykogenreserven des Gehirns gering sind.

Klenk: Was mich besonders interessiert hat, ist, daß das Gehirn nicht nur Glucose und Fructose, sondern auch Hexosamin phosphoryliert. Könnte man sich nicht vorstellen, daß der anaerobe Abbau der Hexosaminsäure nach dem üblichen Schema weitergehe? Dabei würden Glycerinphosphorsäure und Serinphosphorsäure, letztere analog zur Phosphoglycerinsäure, entstehen.

WEIL-MALHERBE: Glucosaminphosphorsäure wurde tatsächlich als ein Produkt der Hexokinasewirkung auf Glucosamin isoliert. Ihr weiterer Umsatz ist noch unbekannt, aber der von Ihnen angedeutete Weg ist sicher eine Möglichkeit.

KLENK: Das wäre insofern interessant, als in den Gangliosiden tatsächlich auch Hexosamin vorhanden ist.

FELIX: Was ist die Rolle der Cocarboxylase bei der Oxydation der Brenztraubensäure? Woher stammt die Acetylgruppe des Acetylcholins und wie ist die Funktion des Coenzyms A mit der der Cocarboxylase verknüpft?

WEIL-MALHERBE: Man stellt sich vor, daß die Cocarboxylase als Katalysator der eigentlichen Decarboxylierung, Coenzym A dagegen als Acetylüberträger funktioniert. OCHOA [Physiol. Rev. **31**, 56 (1951)] nimmt sogar noch einen weiteren Zwischenkörper zwischen Cocarboxylase und Coenzym A an, durch den die Acetylgruppe von der Acetylcocarboxylase auf Coenzym A übertragen wird.

LANG: Zur Frage des Hexosaminstoffwechsels ist noch zu sagen, daß es bisher nicht gelungen ist, eine Desaminierung oder Dehydrierung des Hexosamin-6-phosphats nachzuweisen. Dann möchte ich noch fragen, ob man etwas über die Funktion der NISSLschen Körperchen weiß, ob sie etwa den Mitochondrien gleichzusetzen sind. Schließlich hätte ich gerne noch etwas mehr über ein Problem gehört, das mich sehr beschäftigt und das Sie leider nur beiläufig erwähnt haben, nämlich die Ammoniakbildung im Gehirn. Das Gehirn zeichnet sich doch vor anderen Organen durch eine besonders kräftige Ammoniakbildung aus, aber soviel ich weiß, kann man über den Ursprung dieses Ammoniaks nur etwas Negatives aussagen, daß es nämlich nicht, wie in anderen Geweben, aus Adenosinverbindungen stammt.

WEIL-MALHERBE: Die Ammoniakbildung im Gehirngewebe wird gegenwärtig in unserem Laboratorium untersucht. Wir finden, daß Gehirnschnitte, die in glucosefreiem Medium in Gegenwart von Sauerstoff geschüttelt werden, eine fortschreitende Ammoniakbildung zeigen, die ganz erhebliche Ausmaße erreicht: es werden pro Stunde und 100 g Feuchtgewicht 5—10 mg Ammoniak gebildet in einer Reaktion, die während mindestens 5 Stunden linear verläuft. Im Homogenat dagegen kommt die Ammoniakbildung nach etwa $^1/_2$ Stunde zum Stillstand, gleichgültig ob das Homogenat in Wasser oder in isotonischen Salzlösungen verschiedener Zusammensetzung, mit oder ohne Co-Faktoren, bereitet wird. Was den Ursprung der Ammoniakbildung betrifft, so weisen unsere Versuche darauf hin, daß sie das Ergebnis einer Proteolyse ist. Nun gibt es aber im Gehirn mit Ausnahme der Glutaminsäuredehydrogenase keine Aminosäure-Oxydase. Es kommen im Gehirn wahrscheinlich nur 5 ammoniakbildende Enzyme vor: Glutaminsäuredehydrogenase, Glutaminase, Aminoxydase,

Adenylsäuredeaminase und Adenosindeaminase. Wir halten es auf Grund unserer Versuche für unwahrscheinlich, daß die ersten drei dieser 5 Enzyme für die Ammoniakabspaltung verantwortlich sind. Sollte es sich herausstellen, daß eines der beiden anderen Enzyme der unmittelbare Katalysator der Ammoniakbildung in Gehirnschnitten ist, so müßte man annehmen, daß eine Übertragung der Aminogruppe von Eiweiß oder Eiweißspaltprodukten auf Inosin oder Inosinsäure möglich ist.

Vielleicht darf ich Herrn SPATZ bitten, auf Herrn LANGs erste Frage zu antworten.

SPATZ: Vom Standpunkt des Morphologen ist zu sagen, daß als Mitochondrien wahrscheinlich die von HELD als Neurosomen bezeichneten feinen Körnchen aufzufassen sind, die im Gegensatz zu den Nisslkörpern im gesamten Neuron auftreten, also auch im Achsenzylinder und den Dendriten, sogar in überlebenden Nervenfragmenten. Die Nisslschollen dagegen finden sich nur im Perikaryon, also in der unmittelbaren Nähe des Zellkerns. Die beiden Bestandteile unterscheiden sich auch in ihren färberischen Reaktionen.

Nun möchte ich noch eine Frage bezüglich des Atmungsfermentes stellen. Wenn man ein frisches Gehirn in Schwefelammoniumlösung einlegt, so beobachtet man in wenigen Sekunden eine Schwarzfärbung. Diese Erscheinung erstreckt sich aber nicht gleichmäßig über das ganze Gehirngewebe oder über die ganze graue Substanz, sondern sie tritt in ganz bestimmten Teilen der Stammganglien auf, wo die Kerne eine etwas rostbraune Farbe haben. Die Stärke und Geschwindigkeit der Reaktion folgt einer bestimmten Gesetzmäßigkeit von Kern zu Kern. Nun hat sich gezeigt, daß nach der Veraschung die aktivsten Regionen tatsächlich den höchsten Eisengehalt aufwiesen. Besteht ein Zusammenhang zwischen diesen Beobachtungen und der Verteilung des Atmungsfermentes?

WEIL-MALHERBE: Es ist mir leider nicht bekannt, inwieweit der Eisengehalt der Stammganglien mit der Konzentration der Cytochrome parallel geht.

DIRSCHERL: Wie stellen Sie sich zu dem von STERN beschriebenen Pasteur-Enzym? Ich nehme an, daß Sie nicht an seine Existenz glauben.

WEIL-MALHERBE: Jedenfalls sieht sein Spektrum dem der Cytochromoxydase zum Verwechseln ähnlich.

DIRSCHERL: Das wurde von STERN bestritten. Noch eine andere Frage: Wie stellt man sich gegenwärtig zu CORIs Versuchen über die Einwirkung des Insulins auf die Hexokinase?

WEIL-MALHERBE: CORIs Versuche konnten von anderen Forschern entweder gar nicht oder nur ausnahmsweise wiederholt werden. CORI selbst gibt die mangelnde Reproduzierbarkeit der Versuche mit Hexokinaseextrakten zu (Vortrag am Ersten Internat. Kongreß für Biochemie, Cambridge 1949). Andererseits deutet ein großes Beobachtungsmaterial, das besonders am isolierten Rattenzwerchfell erhoben wurde, darauf hin, daß die Hauptfunktion des Insulins darin besteht, die Hexokinasereaktion zu aktivieren. Die Unwirksamkeit des Insulins gegenüber hexokinasehaltigen

Extrakten mag daran liegen, daß unbekannte Faktoren, vermutlich von großer Labilität, mitspielen.

RUMMEL (Düsseldorf): Ich hätte gern noch etwas mehr über die Rolle der Glutaminsäure im Stoffwechsel des Nervengewebes gehört. Die Erscheinung, die mich besonders interessiert, ist das Vermögen der Glutaminsäure, das Austreten des Kaliums aus der Zelle zu verhindern. Die Glutaminsäure muß also doch wohl irgendwie in den energieverbrauchenden Prozeß der Kaliumanreicherung verwickelt sein.

WEIL-MALHERBE: Gehirnschnitte, mehrere andere tierische Gewebe und gewisse Mikroorganismen sind imstande, Glutaminsäure in Gegenwart von Glucose und Sauerstoff entgegen einem Konzentrationsgradienten anzureichern. Die Tatsache, daß Glucose erforderlich ist, ist bemerkenswert, denn sie deutet darauf hin, daß die Oxydation der Glutaminsäure selbst nicht die nötige Energie liefern kann. Wenn das Suspensionsmedium Kalium enthält, wird K^+ mit der Glutaminsäure zusammen in die Zelle eingeführt. Das Ausmaß der Glutaminsäureanreicherung ist jedoch von der Anwesenheit des Kaliums unabhängig; es wandert die gleiche Menge Glutaminsäure in die Zelle hinein in Abwesenheit wie in Anwesenheit von Kalium. Andererseits entspricht die aufgenommene Kaliummenge genau der aufgenommenen Glutaminsäuremenge, so daß man annehmen kann, daß Kalium das Kation ist, das sich vorzugsweise mit der Glutaminsäure verbindet und mit ihr zusammen in die Zelle einwandert.

RUMMEL: Wird eine entsprechende Menge Natrium ausgeschieden, wenn Kalium ins Zellinnere aufgenommen wird? Ein derartiger Vorgang muß wohl angenommen werden, wenn der osmotische Druck in der Zelle konstant bleiben soll.

WEIL-MALHERBE: Darüber ist noch nichts bekannt.

RUMMEL: Es ist wohl eine ziemlich allgemeine Erscheinung, daß zwischen Kalium und Natrium ein annähernd äquivalenter Austausch stattfindet. Ich habe das vor kurzem wieder an roten Blutkörperchen beobachtet.

Ist es nicht möglich, daß die im Nervengewebe vor sich gehende Bildung von Glutamin aus Glutaminsäure bei der Aufrechterhaltung des osmotischen Druckes eine Rolle spielt, da ja dabei ein Kation, nämlich das Ammoniumion, in organischer Form gebunden wird? Auch die Umkehrbarkeit der Oxydation der Glutaminsäure zu Ketoglutarsäure muß wohl von Bedeutung für den Gehirnstoffwechsel sein. Ich wollte schließlich noch auf einen Befund hinweisen, der ebenfalls die Unabhängigkeit des Pasteureffektes vom Sauerstoffdruck zeigt: Man kann die Atmung und die oxydative Phosphorylierung in Erythrocyten durch Cysteinzusatz steigern. Wenn nun die Erythrocyten vorher einer Kältehämolyse ausgesetzt werden, so hört die Atmung und praktisch auch die Glykolyse auf. Wird nun Hexosediphosphat zugesetzt, so wird wieder Milchsäure gebildet. Wenn man unter diesen Bedingungen Cystein zugibt, dann wird, obwohl das System nicht mehr atmet, die Milchsäurebildung deutlich gehemmt.

WEIL-MALHERBE: Die Sonderstellung der Glutaminsäuredehydrogenase im Gehirn ist uns ein wichtiger Hinweis auf die Rolle der Glutaminsäure im Gehirnstoffwechsel. Ihr negatives Potential, das Sie erwähnt haben, bewirkt, daß die Reaktion vorzugsweise in Richtung der Glutaminsäuresynthese abläuft. In der atmenden Zelle bildet sich ein „stationärer Zustand“ aus, in dem alle Zwischenprodukte des Citronensäurezyklus, also auch die Ketoglutarsäure, in einer gewissen Konzentration vorliegen. Sowie nun Ammoniak auftritt, kommt es zwangsläufig zu einer reduktiven Aminierung der Ketoglutarsäure. Ammoniak ist ein sehr wirksames Nervengift und die Nervenzelle muß dafür sorgen, dieses Abfallprodukt fortlaufend zu beseitigen. Ich glaube, daß die Hauptaufgabe der Glutaminsäuredehydrogenase und der Glutaminase die Entgiftung des Ammoniaks ist.

Daß Erythrocyten nach der Hämolyse nicht mehr imstande sind, Glucose, wohl aber Hexosediphosphat anzugreifen, beruht auf der Labilität der Erythrocytenhexokinase, die durch Hämolyse beinahe vollständig inaktiviert wird. Sie haben gefunden, daß Cystein die Milchsäurebildung aus Hexosediphosphat hemmt. Das ist eine interessante Beobachtung, aber es erscheint mir fraglich, ob man sie mit der Pasteurschen Reaktion in Verbindung bringen soll.

Energieumsatz des Gehirns in situ unter aeroben und anaeroben Bedingungen.

Von

Erich Opitz.

Aus dem Physiologischen Institut der Universität Kiel.

Mit 6 Textabbildungen.

I. Aerober Stoffwechsel in situ.

Die Komponenten, auf denen die Sauerstoffversorgung eines Organes beruht, sind Sauerstoffverbrauch, Vascularisierung und Sauerstoffdruck im Blute. Wir beginnen mit dem Sauerstoffverbrauch, über dessen Größe in situ erst in den letzten Jahren gesicherte Beobachtungen mitgeteilt wurden.

A. Sauerstoffverbrauch.

Alle in dieser Zeit entwickelten Methoden beruhen auf der Tatsache, daß die Vena jugularis interna (welche beim Menschen punktiert wird) und der Sinus sagittalis (welcher beim Hund besonders gut zugänglich ist) angenähert reines Gehirnblut führen. Hierbei soll der Sagittal-Sinus einen verhältnismäßig hohen Anteil von Blut aus der Großhirnrinde erhalten. Aus der hier bestimmten Differenz des arteriellen und venösen Sauerstoffgehaltes (AVD O_2) und der Durchblutung wird nach dem Fickschen Prinzip der Sauerstoffverbrauch ermittelt. Der Fortschritt besteht in der Entwicklung von Methoden zur quantitativen Messung des Blutstromes. Es sind dies einerseits operative Methoden zur Ausschaltung störender, die übrigen Kopfteile versorgender Anastomosen beim Hund[65] oder Affen[83] oder zur Durchströmung des isolierten Kopfes an Katzen[27], andererseits am Menschen anwendbare Methoden wie: Zumischung geeigneter Farbstoffe zum arteriellen Gehirnblut[30a] und die heute meist benutzte N_2O-Methode von Kety und Schmidt[47]. Alle diese Wege führten zu gut vergleichbaren Resultaten.

1. Sauerstoffverbrauch des gesamten Gehirns. Am nicht narkotisierten gesunden Menschen wurde übereinstimmend gefunden ein Sauerstoffverbrauch von $A = 3{,}3–3{,}4\ \frac{\text{cm}^3}{100\text{g frisch}\cdot\text{min}}$ bei einer Durchblutung von etwa 50 cm^3 je 100 g frisch und Minute[(d)]. Bei einem Hirngewicht von 1400 g (rund 2 % des Körpergewichtes) entfallen also beim ruhenden Menschen von 70 kg auf das Gehirn 18% des gesamten Sauerstoffverbrauches und 16% des Herzminutenvolumens. Diese Atmung des gesamten Gehirns bleibt unter physiologischen Bedingungen bemerkenswert konstant[(d)]: Atmung von 5—7% CO_2, willkürliche und passive Hyperventilation[46], Atmung von 10% Sauerstoff oder von 85—100% Sauerstoff verändern die Durchblutung, nicht aber die Atmung des Gehirns[48]. Selbst im Schlaf bleibt der Sauerstoffverbrauch praktisch unverändert[52].

Aber unter pathologischen Bedingungen finden sich mäßige Veränderungen: am Affen steigern *Krämpfe* durch Pikrotoxin den Sauerstoffverbrauch von 3,7 auf 6,5[83]. In *Narkose* ist die Gehirnatmung bei Menschen, Affen und Hunden erniedrigt[37, 39, 48, 65], desgleichen bei diabetischer *Acidose*[50] und bei Insulin-*Hypoglykämie*[51, 33, 35]. Der Grad der Atmungssenkung steht häufig, jedoch nicht immer in Beziehung zum Bewußtseinszustand: diabetische Patienten mit einem Sauerstoffverbrauch des Gehirns von 2,8—3,0 sind „confused", bei solchen mit weniger als 2,0 sind sie komatös[50]. In Hypoglykämie lauten die Zahlen im Mittel: 2,6 für eingeschränktes Bewußtsein und 1,9 für Koma[51]. In Narkose ist das Bewußtsein bei A = 2,3 geschwunden[37]. Bei *Hirntumoren* aber ist die Beziehung zwischen Gehirnatmung und Bewußtsein weniger eindeutig: Im Mittel hatten nichtkomatöse Patienten eine Gehirnatmung von 3,1, komatöse Patienten von 2,5; aber im letzten Falle schwankten die Werte zwischen 3,2 und 1,7[49]. Keine eindeutigen Beziehungen zwischen Funktionszustand und Sauerstoffverbrauch des Gehirns bestehen — im Gegensatz zur Hypoglykämie — bei *Sauerstoffmangel:* nach bisher vorliegenden Messungen am Menschen kann hierbei der Sauerstoffverbrauch völlig normal sein, während der Funktionszustand des Gehirns bereits deutlich durch Hypoxie verändert ist (vgl. S. 75).

Unterschreitet der Sauerstoffverbrauch eine bestimmte Grenze, so ist der Fortbestand des Lebens gefährdet. Sinkt die Gehirnatmung im diabetischen Koma unter 2,1, so ist eine Erholung nicht mehr möglich[50]. Affen konnten nach Entblutung nur dann wiederbelebt werden, wenn die Atmung nicht unter 1,85 gesunken war[83]. Dauert der Zustand der Atmungssenkung allerdings nur kurze Zeit, so liegt die Lebensgrenze niedriger: im Insulinkoma soll eine kurzzeitige, reversible Senkung auf ein Viertel der Norm möglich sein[33].

Die Konstanz der Gehirnatmung unter physiologischen Bedingungen steht in Kontrast zu dem Verhalten einiger anderer Organe. So verändert das Herz je nach Beanspruchung seinen Sauerstoffverbrauch um den Faktor 4—5, der Skeletmuskel um den Faktor 30 bis 50. Dagegen scheint die menschliche Niere in situ ihren Sauerstoffverbrauch mit der exkretorischen Leistung nur wenig zu verändern[12].

Auch bei *verschiedenen Warmblüterspezies* ist die in vitro gemessene Atmung der Gehirnrinde verhältnismäßig wenig abhängig vom Körpergewicht[53]. Während der Gesamtumsatz pro Kilogramm Körpergewicht von der Maus bis zum Pferd im Verhältnis 9:1 absinkt, fand KREBS an der Leber ein Verhältnis von 4—7:1, an der Milz von 4:1, an der Lunge von 3:1, jedoch an der Niere und Großhirnrinde nur ein Verhältnis von 2,2:1. Eben dasselbe Verhältnis an der Gehirnrinde (Maus:Pferd) fanden ELLIOT und HENDERSON. In Abb. 1 sind in Anlehnung an eine Darstellung von GRANDE die Messungen von KREBS zusammengestellt. Die Ursache für die Konstanz der Gehirnatmung unter physiologischen Bedingungen liegt in der Tatsache, daß das Gehirn in seiner Gesamtheit als ein immer tätiges Organ anzusprechen ist, wenngleich unter wechselnden funktionellen Beanspruchungen innerhalb der einzelnen Areale Veränderungen des Sauerstoffverbrauches vorkommen. Diese Gehirntätigkeit kann weder wesentlich eingeschränkt noch erheblich gesteigert werden, ohne daß es entweder zum Versagen lebenswichtiger Regulationen oder zur Erschöpfung und zu ungenügender Versorgung der Gehirnzellen kommt, wie das z. B. unter Krämpfen der Fall ist (s. S. 87).

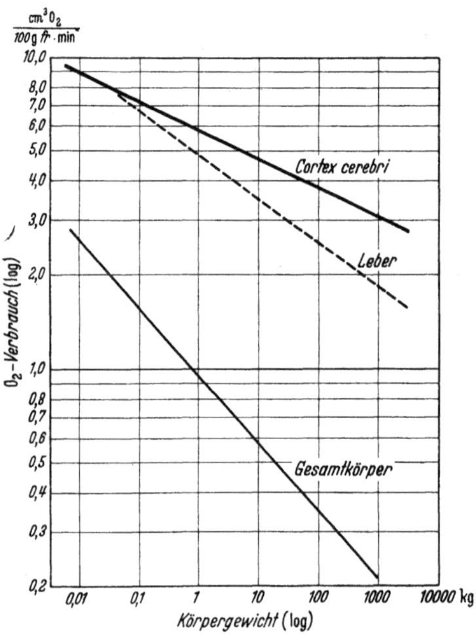

Abb. 1. *Atmung von Gehirnrinden- und Leberschnitten in vitro und Sauerstoffverbrauch des gesamten Organismus, bezogen auf die gleiche Einheit des Feuchtgewichtes als Funktion des Körpergewichtes bei 9 verschiedenen Species* (von Maus bis Pferd.) Nach H. A. KREBS (*l. c. 53*, Tab. VII). Die Abhängigkeit der Gehirnatmung vom Körpergewicht ist deutlich geringer als die der Leber und des gesamten Organismus. Die Streuung der Einzelwerte ist bei der Leber am größten.

2. Zwischen den verschiedenen Arealen bestehen sicher große Unterschiede der Gewebsatmung. Genaue Zahlen für das in situ befindliche Gehirn liegen indessen noch nicht vor. Wir besitzen aber Anhaltspunkte aus Atmungsmessungen in vitro an den einzelnen Arealen und aus einer ganz anderen Art von Beobachtung, nämlich der quantitativen histologischen Messung der Capillarlänge in den einzelnen Gehirngebieten.

Tabelle 1. *Atmung verschiedener Gehirnteile in vitro.*

$$A \text{ in } \left(\frac{\text{cm}^3\ O_2}{100\text{ g frisch} \cdot \text{min}}\right)$$

	Rind Schnittchen, Glucose [20]	Hund Gewebsbrei, Glucose [34]
Cortex cerebelli	4,25	(Cerbellum, ges.) 1,78
Striatum	3,30	(Nucleus caud.) 2,27
Cortex cerebri	2,83	1,95
Cornu ammonis	2,10	—
Thalamus	1,95	1,69
Mittelhirn	—	1,54
Pallidum	0,60	—
Corp. callosum (weiße Substanz)	0,30	
Medulla oblong.	—	1,15
Rückenmark	—	0,84

In vitro atmet die graue Substanz, je nach Herkunft und Methode 3—10 mal stärker als die weiße Substanz (Tab. 1). Setzen wir demgemäß für die Großhirnrinde einen 5 mal höheren Verbrauch an als für die weiße Substanz, so ergibt sich unter Berücksichtigung der Volumenverhältnisse im menschlichen Gehirn (59% graue Substanz[78]) ein Sauerstoffverbrauch der Großhirnrinde in situ von $A = 5$ und von $A = 1$ für die weiße Substanz (jeweils Kubikzentimeter O_2 je 100 g frisch und Minute). Dies entspräche einem Q_{O_2} von 18 für die Rinde und von 2 für die weiße Substanz (Trockengewicht der menschlichen Rinde 16,5%, der weißen Substanz 29,7[5, 57, 75]). Der Vergleich mit den besten z. Z. verfügbaren Werten in vitro zeigt, daß diese, selbst unter optimalen Bedingungen wesentlich niedriger liegen. KREBS findet für die Gehirnrinde:

	Q_{O_2}
Hund	14—16,
Schaf	10—14,
Rind	11—15;

wobei allerdings zu berücksichtigen ist, daß diese Messungen bei 40° C gemacht sind. Die in vitro gemessenen Atmungswerte dürften sonach bei normaler Temperatur um mindestens 20—30% niedriger liegen als in situ.

Die Ursache für diese in vitro geringere Atmung dürfte in folgendem zu suchen sein:

a) *Die Vulnerabilität* des Gehirns ist außerordentlich hoch, so daß eine nur 3 min währende Unterbrechung der Sauerstoff- und Glucosezufuhr genügt,

Tabelle 2. *Atmung von Warmblüterorganen, zumeist in situ, ohne Narkose.*

$$\text{A in } \left(\frac{\text{cm}^3\ \text{O}_2}{100\ \text{g frisch} \cdot \text{min}}\right)$$

	Normal	Maximum
Gesamthirn (in situ) . .	3,3 Mensch[1]	6,5 Macaccus[2]
Rinde	etwa 5—6 Mensch[3]	etwa 9, Mensch[3]
Retina (in vitro) . . .	etwa 10 Ratte[4]	—
Rückenmark (in situ)	16,75 Ratte[5]	
Skeletmuskel (in situ).	0,2 Mensch[4a, 6]	12 Mensch[6]
Herz (in situ)	7,8 Mensch[7]	etwa 20 Mensch[8]
Leber (in situ)	4,5 Mensch[9]	6,5 Hund[10]
Niere (in situ)	6,1 Mensch[11].	15,4 Hund[12]

Literatur zu Tabelle 2.

[1] N_2O-Methode nach KETY und SCHMIDT, l. c. [47, (d)].

[2] Luftblasen-Stromuhr. Pikrotoxinkrämpfe. SCHMIDT, KETY and PENNES, l. c. [83].

[3] Berechnet, wenn Atmung Rinde : weiß = 5:1.

[4] In vitro gemessen: WARBURG, POSENER u. NEGELEIN, l. c. [91].

[4a] Nach E. ASMUSSEN, H. E. CHRISTENSEN u. M. NIELSEN: Scand. Arch. Physiol. **82**, 212 (1939).

[5] Durchströmungspräparat in situ nach TSCHIRGI, R. D., R. W. GERARD et al. l. c. [87].

[6] N_2O-Methode; nach C. F. SCHMIDT: Pflügers Arch. **251**, 571 (1949).

[7] N_2O-Methode, nach R. J. BING, M. M. HAMMOND et al.: Amer. Heart J. **38**, 1 (1949).

[8] Berechnet für maximale Arbeit.

[9] Bromosulfthalein-Methode. Nach J. D. MYERS: J. Clin. Invest. **26**, 1130 (1947). MYERS, J. D., and J. B. HICKAM: J. Clin. Invest. **27**, 620 (1948).

[10] Hund, o. Narkose (Durchblutungsmessung m. Katheter) BLALOCK, A., and M. F. MASON: Amer. J. Physiol. **117**, 328 (1938).

[11] Katheteris. d. Nierenvene; Paraminohippursäure. CLARK, J. K., and H. G. BARKER: Federat. Proc. **8**, 26 (1949).

[12] Hundeniere in situ AVD O_2. VAN SLYKE, D. D., C. P. RHOADS et al.: Amer. J. Physiol. **109**, 336 (1934).

um den Stoffwechsel von Gehirnschnitten in vitro irreparabel zu schädigen, die anaerobe Glykolyse allerdings in höherem Maße als die Atmung[19].

b) *Die Schädigung* dürfte in den phylogenetisch neuen Anteilen des Gehirns, wie Großhirnrinde, Striatum oder Kleinhirnrinde stärker sein als in den älteren und weißen Gebieten. Sonach ist das Verhältnis von 5:1, wie es vorhin als zutreffend für die Atmung von grauer und weißer Substanz angenommen wurde, möglicherweise noch zu klein.

c) *Der Funktionszustand* eines Gewebsschnittchens in vitro weicht sicher von dem physiologischen weit ab. Vielleicht sind die Ganglienzellen in vitro untätig, etwa wie die Zellen der Gehirnrinde bei einem tief bewußtlosen Patienten. Unter solchen Bedingungen aber ist, wie wir sahen, die Atmung des gesamten Gehirns in situ um 15—40% herabgesetzt.

In anderen Arealen des ZNS scheint die Atmung noch höher zu sein als in der Großhirnrinde. Dies trifft nach übereinstimmenden Messungen in vitro zu für Kleinhirnrinde und Neostriatum (Tab. 2). Die höchsten Werte sind in vitro schon vor langem[91] an der Retina gemessen worden, während die höchsten Werte in situ bisher vom Rückenmark der Ratte angegeben worden sind[87]. Hierbei muß allerdings beachtet werden, worauf Ortmann aufmerksam machte, daß das Rückenmark der Ratte funktionell größere Selbständigkeit besitzt als das des Menschen, demnach Rückschlüsse nicht möglich sind.

Vergleich zu anderen Organen. Die Atmung der Großhirnrinde in situ liegt in der Größenordnung der von Leber und Niere, und manche Areale scheinen selbst das Herz (bei mittlerer Tätigkeit) zu übertreffen (Tab. 2). Es ist bis heute nicht sicher bekannt, worauf dieser hohe Energieumsatz des keinerlei äußere Arbeit leistenden Gehirns, insbesondere seiner grauen Areale, beruht.

B. Versorgung mit Capillaren [a].

Aus dem Reichtum an Capillaren je Volumeneinheit des Gewebes lassen sich weitere Hinweise über die Größe des Stoffumsatzes in den einzelnen Gehirnteilen gewinnen, wie sie bisher durch direkte Messung nicht erhalten werden können. Quantitative Messungen sind vor allen Dingen von Craigie an der Ratte[13] und von Dunning und Wolff an der Katze durchgeführt worden (Tab. 3).

Bemerkenswert ist, daß die gesamte Länge aller Capillaren pro Volumeneinheit („Capillarisierung“) keineswegs parallel geht mit der Zahl oder dem Volumen der Ganglienzellen in den einzelnen Gebieten, sondern eher zur Zahl der Dendriten und Synapsen.

Tabelle 3. *Capillarisierung verschiedener Gehirnteile.*

$$L = \frac{\text{m Capillaren}}{\text{cm}^3\ \text{Gewebe}}$$

	Ratte (CRAIGIE[13])	Katze (DUNNING u. WOLFF[22])	Atmung in vitro Hund u. Rind. Mittel Rel. Werte n. Tab. 2.
Cerebellum, Cortex	1216[1] (996—1363)	—	1,5
Striatum	1090	—	1,17
Corp. genic. lat.	—	795	—
Cerebrum, Cortex pariatal.	1157[2] 923 (VI) bis 1440 (IV)	871	1,0
Cornu ammonis	618[3]	—	0,74
Pallidum	—	509	0,21
Weiße Substanz	302[4]	374	0,11
Rückenmark, grau	950, 900 ventral 1008 dorsal	—	—
Ganglion cervicale sympath. (synapsenreich)	—	737	—
Ganglion n. trigemin.. (synapsenarm)	—	513	—
Nerv	—	412	0,11[5]

[1] Mittel aus lamina molekul. und granularis, nucl. vestibul., nucl. dentatus.
[2] Mittel der Schichten I—VI. Minimalwert in VI, Maximalwert in IV.
[3] Mittel aller Schichten.
[4] Mittel aus 5 weißen Gebieten, einschl. Strängen d. Rückenmarkes.
[5] Ruhender Warmblüternerv, $A = 0,3 \frac{\text{cm}^3}{100\,\text{g} \cdot \text{min}}$, steigt bei Reizung auf das 2—3fache (HOLZLÖHNER u. TRURNIT, l. c. [38], GERARD, l. c. [b])

Zum Beispiel ist der Riechlappen verhältnismäßig arm an Zellen, aber reich an Fasern, Synapsen und Mitochondrien; seine Capillarisierung ist hoch[82]. Dagegen ist das Trigeminus-Ganglion zwar reich an großen Zellen, es ist aber arm an Capillaren und Synapsen, da die meisten Nerven ohne eigentliche Unterbrechung hindurchziehen[22]. Die Fovea zentralis im menschlichen Auge ist bekanntlich frei von Capillaren. Sie enthält zugleich keine Synapsen. Außerdem allerdings ist hier die Schichtdicke der Retina besonders klein, so daß also die Versorgung durch Diffusion leicht vonstatten gehen kann[(c)]. — Endlich nimmt während der postnatalen Größenzunahme des Gehirns die Zahl der Ganglienzellen in der Volumeneinheit ab. Zugleich aber nehmen die Zellfortsätze (Dendriten und Kollateralen) an Länge und Zahl zu* und es steigt die Capillarisierung an[14]; außerdem nimmt die in vitro gemessene Atmung zu, vor allen Dingen in den rostralen Arealen[34, 38].

* Diese Hinweise verdankt Ref. einer persönl. Mitt. v. H. SPATZ.

Im allgemeinen ist daher die Capillarisierung zur Atmungsintensität korreliert, und diese zur Oberflächenentwicklung der Neurone in der Volumeneinheit.

Im Vergleich zu anderen Organen mit ähnlichem Sauerstoffverbrauch wie das Gehirn ist dessen Capillarisierung verhältnismäßig *gering*. So besitzt der Herzmuskel eine Capillarisierung von 11000 m/cm³, der ruhende Skeletmuskel eine solche von 2000, der arbeitende von 6000 m/cm³. Entsprechend der Konstanz der Atmung des Gehirns unterliegt die Zahl der offenen Capillaren im Gehirn entweder keinen oder nur geringen Variationen bei verändertem Tätigkeitszustand (Näheres hierüber s. [a], [b], [c])

C. *Sauerstoffversorgung.*

Als bestes Maß für die Versorgung mit Sauerstoff ist die Sauerstoffkonzentration in den Zellen (proportional dem Partialdruck oder der Konzentration an gelöstem Sauerstoff) zu betrachten. Da direkte Messungen bislang nicht möglich sind, ist man auf

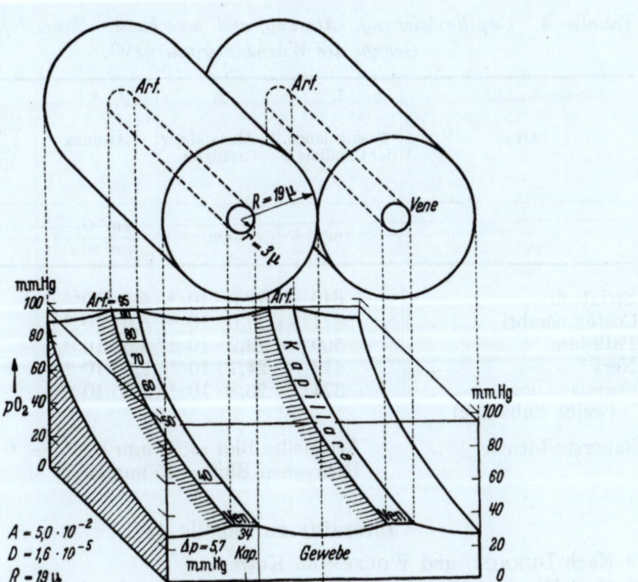

Abb. 2. *Berechneter Sauerstoffdruck im Gehirngewebe; zwei benachbarte* KROGH*sche Gewebszylinder der Gehirnrinde.* Unten der dazugehörige Sauerstoffdruck in den Capillaren und im Gewebe. (A = Atmung je cm³ Gewebe und min, D = Diffusionskonstante von KROGH in cm²/min/Atm. R = Halber Abstand der Capillaren, r = Radius der Capillare.) Nach OPITZ und SCHNEIDER.

Berechnungen angewiesen. Nehmen wir nach dem Vorgang von KROGH, HILL u. a. an, der Transport von den Capillaren zu den Zellen erfolge ausschließlich durch Diffusion, so nimmt die Sauerstoffkonzentration (in mm Hg) von der Capillare bis zur Peripherie eines zylindrischen, von dieser Capillare versorgten Gewebselementes ab wie folgt:

$$\Delta p = p_{Blut} - p_R = 760 \cdot \frac{A \cdot R^2 \cdot f}{D}$$

In dieser vereinfachten Formel bedeuten A den Sauerstoffverbrauch ($cm^3\ gr^{-1}\ min^{-1}$), R den halben Abstand zweier Capillaren (cm), D die Diffusionskonstante im Gewebe von KROGH ($1{,}65 \cdot 10^{-5}$ $cm^2\ min^{-1}\ Atm.^{-1}$), f bedeutet eine Funktion, die von der Gestalt des Gewebselementes und dem Radius der versorgenden Capillare abhängt (Abb. 2). In Tab. 4 ist der Konzentrationsabfall des Sauerstoffs

Tabelle 4. *Capillarisierung, Atmung und berechneter Sauerstoffdruck im Gewebe des Warmblütergehirns* (c).

Area	L Gesamtlänge der Capillaren	R 1/2 Abstand der Capillaren	A Atmung	Δp Abfall des pO_2 von Capillaren bis Peripherie des Gewebszylinders
	m/cm^3 [1]	cm	$\frac{cm^3\ O_2}{cm^3\ min}$ [2]	mm Hg
Striatum	640	$19{,}8 \cdot 10^{-4}$	$5{,}8 \cdot 10^{-2}$	7
Cortex cerebri	871	$17{,}0 \cdot 10^{-4}$	$5{,}0 \cdot 10^{-2}$	4
Pallidum	509	$22{,}2 \cdot 10^{-4}$	$2{,}5 \cdot 10^{-2}$	4
Nerv [3]	412	$24{,}7 \cdot 10^{-4}$	$1{,}0 \cdot 10^{-2}$ (3)	2
Corpus callos. (weiße Substanz)	374	$25{,}8 \cdot 10^{-4}$	$1{,}0 \cdot 10^{-2}$	3

Sauerstoffdruck. . . . Arterielles Blut = 93 mm Hg [4] — Gemischtes Hirnvenen-Blut = 35 mm Hg [5]

Literatur zu Tabelle 4.

[1] Nach DUNNING und WOLFF [22] an Katze.

[2] Nach HIMWICH [34] an Hund; DIXON and MEYER [20] an Rind: Relativwerte der Messungen in vitro (Tab. 1) umgerechnet auf „in situ"; hierzu Atmung des Cortex cerebri gesetzt zu: $5{,}0 \times 10^{-2}$.

[3] Nervatmung: gültig für tätigen Nerven, dessen Atmung etwa verdoppelt ist(a).

[4] BARTELS, H., u. G. RODEWALD: Pflügers Arch. (1952) (im Druck).

[5] NOELL, W., u. M. SCHNEIDER: l. c. [65].

in verschiedenen Gehirnteilen (von der Capillare bis zur Peripherie des Gewebszylinders) wiedergegeben, nach Berechnung mit der exakten Formel. Die Atmung der einzelnen Areale ist geschätzt nach den Relativzahlen der Tab. 3. Diese sind bezogen auf einen Atmungswert der Großhirnrinde A = 5,0. Vielleicht ist die Zahl der Capillaren in Wirklichkeit auf den Sauerstoffverbrauch derart abgestimmt, daß der Konzentrationsabfall in allen Teilen des Gehirns angenähert der gleiche ist. Viele Einwendungen gegen die Richtigkeit solcher Berechnungen in einem heterogenen System sind andernorts diskutiert[c]. Indessen ist erwähnenswert, daß diese zuerst von KROGH an Muskelschichten gemessene Diffusionskonstante mit anderen Methoden und an anderen biologischen Objekten mehrfach bestätigt worden ist[54, 79].

Der Sauerstoffdruck des arteriellen Blutes beträgt 93 mm Hg, der des gemischten Hirnvenenblutes 35 mm Hg. Der letztgenannte Wert wird unter normalen Bedingungen mit auffallender Konstanz aufrechterhalten. Der am ungünstigsten gelegene Gewebsteil in der Peripherie des venösen Zylinderendes würde sonach einen Sauerstoffdruck von wenigstens 20—30 mm Hg erhalten. Diese Konzentration erscheint plausibel; unter anderem, weil ähnliche Werte für Zellen anderer Organe, insbesondere der ruhenden Skeletmuskulatur, sichergestellt sind[c].

Der intracelluläre Sauerstoffdruck, wie er somit für das Gehirn angenommen werden kann, liegt weit über dem *kritischen Sauerstoffdruck des Hirngewebes*, von wo ab die Atmung aus Mangel an Sauerstoff abzusinken beginnt (in vitro etwa 2 mm Hg[24]). Wenn es richtig ist, daß die Gehirnzellen über einen derartigen „Überschuß“ an physikalisch gelöstem Sauerstoff verfügen, so müßte die Atmung des Gehirns gegenüber Sauerstoffmangel weitgehend unempfindlich sein. Es wurde auf S. 67 erwähnt, daß dies bei Atmung von 10% Sauerstoff am Menschen wirklich der Fall ist. In diesen Versuchen war der Sauerstoffdruck im Jugularvenenblut von 35 bis auf 19 mm Hg abgesunken; 19 mm Hg ist der „kritische“ Sauerstoffdruck der Gehirnvene nach NOELL und SCHNEIDER, welche die bisher am besten definierte Grenzbedingung für funktionell angenähert ausreichende Versorgung repräsentiert[64a, 64b]. — Bei 19 mm Hg in der Hirnvene würde der niedrigste im Gewebszylinder vorkommende Sauerstoffdruck noch 10—15 mm Hg betragen.

Hypoxiehypothese. Bei einem solchen Grad der Hypoxie lassen sich — trotz unveränderter Sauerstoffaufnahme des gesamten Gehirns — bereits erhebliche funktionelle Störungen der Hirntätigkeit nachweisen. Bei Hypoxie besteht also — im Gegensatz zu Hypoglykämie, Narkose oder Acidose — *keine deutliche Korrelation* zwischen Sauerstoffverbrauch und ,,Wirkung": *Mangelwirkungen ohne eigentliche Not.* Vielleicht sind diese funktionellen Störungen durch die Senkung des intracellulären Sauerstoffdruckes per se hervorgerufen, etwa derart, daß unter Hypoxie Veränderungen des qualitativen Zellstoffwechsels eintreten, noch ehe die Gewebsatmung durch ungenügende Sättigung des Atmungsfermentes abzusinken beginnt[67, (c)]. Zu dieser Annahme würde z. B. der Befund passen, daß an Katzen, welche 11% Sauerstoff atmen, der Milchsäuregehalt des Gehirngewebes bereits gesteigert sein kann, während der arterielle Milchsäuregehalt noch unverändert ist[25]. Wie wir sahen, ist es ganz unwahrscheinlich, daß bei einer Hypoxie diesen Grades die Atmung des Gehirns herabgesetzt ist. Eine ausführliche Diskussion über den Mechanismus der Wirkungen mäßigen Sauerstoffmangels (,,Hypoxiehypothese") siehe [(c)].

D. Atmungs-Substrat.

1. Glucose. Unter normalen Bedingungen wird vom Gehirn in situ fast ausschließlich die Glucose des Blutes veratmet. Aus Analysen im arteriellen und venösen Gehirnblut zahlreicher gesunder Versuchspersonen[30] ergibt sich, daß die verschwundene Glucosemenge fast exakt der verbrauchten Sauerstoffmenge äquivalent ist (1 cm^3 O_2 = 1,34 mg Glucose), wenn man berücksichtigt, daß das Gehirn gleichzeitig in merklichem Umfange aerob glykolisiert und eine geringe Menge Brenztraubensäure abgibt[36] (Tab. 5).

Auf Grund dieser Tatsachen läßt sich der Energieumsatz des menschlichen Gehirns berechnen (Tab. 6).

Andere Zuckerarten werden entweder gar nicht (z. B. Pentosen) oder langsamer verbrannt als die Glucose. Das durchströmte Katzengehirn verbrennt Fructose nur mit der halben Geschwindigkeit wie Glucose und bei gleichzeitigem Angebot beider Zuckerarten wird fast ausschließlich Glucose umgesetzt[28]. Dem entspricht, daß das Insulinkoma durch Fructosegabe nicht behoben werden kann[59].

Tabelle 5. *Atmungssubstrat des Gehirns gesunder, nicht narkotisierter junger Männer. Mittelwerte von 50 Bestimmungen der arterio-venösen Differenz (vena jug. interna) an O_2, Glucose und Milchsäure (nach[30]) und der Brenztraubensäure (nach [36]).*

	AVD je 100 cm³ Blut	Umsatz je 100 g Gehirn/min (bei einer Durchbl. von 49 cm³/100 g und min)
CO_2, cm³	+6,6	+3,25
O_2, cm³	−6,7	−3,3
RQ	0,985	
Glucose, mg[1]	−9,8	−4,8
Milchsäure, mg (MS)	+1,6	+0,8
		entspr. $Q_M^{O_2}$ 0,57
Brenztraubensäure, mg (BTS) .	+0,19	+0,09
Verbrannte Glucose = Glucose minus (MS + BTS) .	−8,0	−3,9
Hierzu erforderlicher Sauerstoff $\left(\frac{\text{verbr. Glucose}}{1{,}34}\right)$	−5,97	} = −6,0 = 90% des verbrauchten O_2
Sauerstoff für BTS-Bildung	−0,02	
Berechneter RQ (90% = 1,0; 10% = 0,8) . .	0,98	

[1] $\frac{\text{Totaler Glucose-Verbrauch}}{O_2\text{-Verbrauch}}$ = 1,46 mg/cm³, anstelle von 1,34 bei vollständiger Verbrennung.

Tabelle 6. *Energieumsatz des gesunden menschlichen Gehirns.*

	A cm³ O_2 / 100 g frisch · min	G mg Glucose[4] / 100 g frisch · min	M mg Milchsäure / 100 g frisch · min	Δ F[5] cal / 100g fr. · min
Gesamtes Gehirn, Totalumsatz .	−3,3[1]	−4,8	+0,8[3]	−17
Glucose-Verbrennung	−3,0	−4,0	—	−15
Gehirnrinde, Totalumsatz etwa	−5,0[2]	−7,3	—	−26

[1] Entsprechend einem Q_{O_2} von 9,5 (Trockengewicht 21 %).
[2] Entsprechend einem Q_{O_2} von 18 (Trockengewicht 16,5 %)..
[3] Entsprechend einem Q_{O_2} von 0,6 (Trockengewicht 21 %).
[4] Gesamtverbrauch an Glucose = 1,46 mg/cm³O_2; verbrannte Glucose = 1,34 mg/cm³ O_2 (vgl. Tab. 5).
[5] 1 mg Glucose = −3,81 cal; 1 cm³ O_2 = −5,1 cal.

2. Andere Substrate. Das im Gehirn enthaltene Polysaccharid („Glykogen") kommt als Atmungssubstrat nur bedingt in Frage: der Glykogengehalt kann selbst bei Krämpfen unverändert bleiben[43] oder nimmt erst bei längerer Dauer ab[52a]. Bei schwerer Hypoglykämie findet zwar ein Abbau statt[(b), 44], aber die Abbaugeschwindigkeit ist — wenigstens bei Anoxie — so langsam, daß nur ein kleiner Bruchteil des Energiebedarfes hierdurch gedeckt werden kann (vgl. S. 94). Von den Zwischenprodukten des Glucoseabbaues werden in vitro zwar Brenztraubensäure und Milchsäure rasch verbrannt, nicht aber in situ: bei Patienten im Insulinkoma läßt sich durch intravenöse Zufuhr von Lactat oder Pyruvat die Gehirnatmung nur zum kleinen Teil, das Bewußtsein überhaupt nicht wieder herstellen[33]. Offenbar wird durch die Blutgehirnschranke der Transport erheblich verzögert. — Durch Glutamat jedoch lassen sich an hypoglykämischen Patienten ähnliche Wirkungen erzielen wie durch Glucose, offenbar auf dem Umwege über eine adrenergische Wirkung der Glutamats[(b), 92]. Eingehende Untersuchungen sind am künstlich durchströmten Rückenmark der Ratte und der Maus durchgeführt worden, dessen Erregbarkeit sich bei Glucosezufuhr stundenlang in situ aufrecht erhalten läßt[29,87]. Ist die aerobe Perfusionslösung glucosefrei, so verschwindet die Erregbarkeit nach wenigen Minuten. Sie läßt sich wieder herstellen durch Pyruvat, Isocitrat, α-Ketoglutarat, Glutamat, nur unregelmäßig durch Oxaloacetat; keine Wiederherstellung erfolgt nach Zusatz von Glucose-1-Phosphat, Lactat sowie der unteren Glieder des Citronensäurecyclus wie Succinat, Fumarat und Malat, desgleichen nicht durch Acetat, Fettsäuren und ihre Abbauprodukte und verschiedene Aminosäuren[87].

Die zwischen Gehirn und Rückenmark bestehenden Unterschiede können etwa auf folgende Ursachen zurückgeführt werden:

a) Unterschiede der Permeabilität,

b) Unterschiede des funktionellen Aufbaues[66]: Dieser ist bei den Rückenmarksreflexen verhältnismäßig einfach. Das Funktionieren der Großhirnrinde ist an das zeitlich geordnete Zusammenspiel zahlreicher Neurone gebunden, welches eine höhere Integrität des Stoffwechsels zur Voraussetzung hat als die Erhaltung der Erregbarkeit in niederen Zentra[35].

E. Sicherung der Versorgung mit Sauerstoff und Glucose.

Es gibt zahlreiche Mechanismen, welche die ununterbrochene Versorgung des Gehirns unter den verschiedensten Belastungen sicherstellen. In dieser Hinsicht genießt das Gehirn eine Sonderstellung vor allen anderen Organen; eine genaue Erörterung ist hier nicht möglich [ausführlich bei[c]]. Sie soll hier nur an zwei Beispielen erläutert werden:

a) Jede Zunahme der CO_2-Konzentration oder eine erhebliche Abnahme des Sauerstoffdruckes im Blute steigert die Gehirndurchblutung auf Kosten anderer Organe, wie das besonders deutlich der Fall ist bei Asphyxie, wo sowohl die Kohlensäure ansteigt, wie der Sauerstoff abfällt. Bei höheren Graden der Erstickung wird gleichzeitig die Glucosekonzentration im Blute gesteigert. — Eine „physiologische Asphyxie" findet sich bei den Tauchtieren, und diese sind zugleich Meister der Blutverschiebung zugunsten des Gehirns und des Herzens: während des Tauchens kommt es zu einer allgemeinen Vasokonstriktion, von der Herz und Gehirn ausgenommen sind; es nimmt aber daran sogar die Skeletmuskulatur teil, sodaß dort gebildete Milchsäure erst nach dem Auftauchen im strömenden Blut erscheint[40, (e)]

b) Bei chronischer Hypoxie (Höhenakklimatisation oder cyanotischen Herzerkrankungen) hypertrophieren die Blutgefäße, insbesondere auch die Capillaren des Gehirns (und anderer Organe), so daß Lumen und Länge der Capillaren größer werden. Auf diese Weise wird die Diffusionsoberfläche des Sauerstoffs vergrößert und ein Teil der Hypoxie kompensiert ([61, 68], dort weitere Literatur).

Auf der skizzierten Sonderstellung des Gehirns gegenüber anderen Organen beruht ein oft mißverstandener Tatbestand: bei schwerem, den ganzen Körper betreffendem Sauerstoffmangel enstehen überdauernde Gewebsschädigungen, welche sowohl durch anschließende Atmungsmessung in vitro[18, 26] als auch histologisch nachweisbar sind[8,(g)]. Diese Schäden treten gewöhnlich zuerst auf an Leber, Herz und Niere. Erst bei schwersten Graden und bei wiederholter Hypoxie (des gesamten Organismus) werden Nekrosen im Gehirn nachweisbar[1, 8]; ähnliches gilt für die Abnahme des Atmungsvermögens in vitro[18, 26] u. a.

Zugleich aber ist *in vitro* unter definierten Bedingungen das Gehirngewebe gegenüber Anoxie und Substratmangel unter allen diesen Organen am meisten empfindlich. Der scheinbare Widerspruch klärt sich auf, wenn man die regulatorische Sonderstellung des Gehirns berücksichtigt, dessen Versorgung in situ bis zur Grenze des Möglichen, selbst auf Kosten anderer Organe, aufrecht erhalten wird [c].

Zum Nachweis der hohen Verletzlichkeit des Gehirns müssen die genannten Regulationsmechanismen unwirksam gemacht werden. Das ist der Fall bei Untersuchung des Gewebes in vitro oder in situ dann, wenn man *totale Anoxie* einwirken läßt: Entweder durch Atmung reinen Stickstoffs oder dadurch, daß man lokal die Blutzufuhr zum Gehirn *vollständig* unterbricht (totale Ischämie).

II. Anoxie und Ischämie des Gehirns in situ.

Der Sonderstellung des ZNS in regulatorischer Hinsicht ist eine Sonderstellung in vitaler Hinsicht an die Seite zu stellen.

1. Wird am künstlich durchströmten Rückenmark in situ die Glucosezufuhr unterbrochen, so erlischt die Erregbarkeit nach 2—4 min. Wird die Perfusionsflüssigkeit sauerstofffrei gemacht, so erlischt die Erregbarkeit nach 1—2 min[87]; wird die Blutzufuhr zum Rückenmark total unterbrochen, so tritt Lähmung der Eigenreflexe nach 40—110 sec ein (Lit. s. Tab. 7). Das Bewußtsein des Menschen schwindet schon 8—12 sec nach Unterbrechung der Blutzufuhr zum Gehirn[73]. Das ZNS verfügt also über außerordentlich geringe Reserven in sich selbst zur Bestreitung seines Tätigkeitsbedarfes unter Mangelzuständen, wie Asphyxie, Anoxie und Ischämie.

2. Aus der außerordentlichen Vulnerabilität des Gehirns folgt, daß bei allgemeinem Kreislaufstillstand oder bei allgemeiner Anoxie das Gehirn der limitierende Faktor für die Erhaltung des Lebens ist: stellt man den Blutkreislauf bei einem Warmblüter vollkommen still, so ist eine *dauernde* Wiederbelebung nur dann möglich, wenn die Zirkulation nach spätestens 5 min wieder hergestellt wird. Wird aber in der Zeit des Kreislaufstillstandes für eine künstliche Blutversorgung des Gehirns allein Sorge getragen, so läßt sich der gesamte Organismus noch nach 25 min wiederbeleben[4]. Das Leben reicht so weit, als die lebenswichtigen Funktionen des Gehirns erholungsfähig bleiben.

A. Einteilung der „Wirkungen" von Anoxie und Ischaemie.

Zweckmäßig werden die physiologischen und anatomischen Wirkungen der Anaerobiose in zwei Stufen eingeteilt: die Wirkungen der ersten Stufe sind reversibel. Nach Wiederherstellung der Sauerstoff- und Blutzufuhr tritt volle Erholung ein. — Die Wirkungen der zweiten Stufe sind irreparabel. Eine volle Erholung ist nicht mehr möglich. Welche der beiden Stufen erreicht wird, hängt ausschließlich von der Dauer der Anoxie oder Ischämie ab, sofern

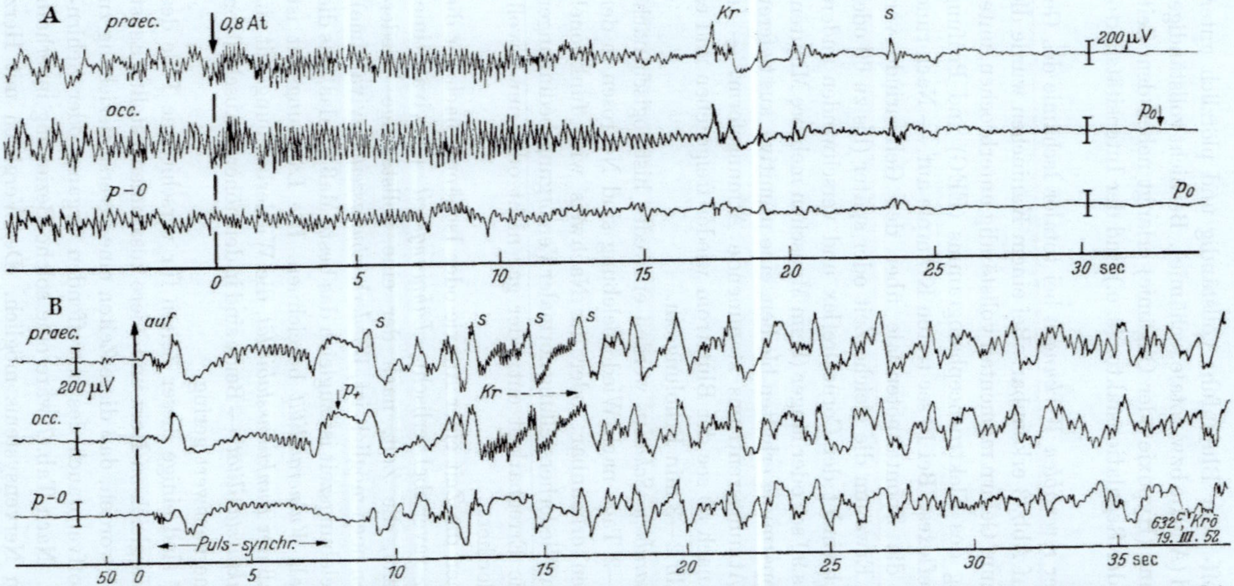

Abb. 3. *Elektroencephalogramm des nicht narkotisierten Kaninchens bei plötzlicher Unterbrechung der Blutzufuhr zum Gehirn während 50 sec und in der anschließenden Erholung.* Ableitung von eingeheilten Schräubchen, welche der Dura an zwei Stellen der Gehirnrinde aufsitzen. Obere Hälfte: Ischämie; untere Hälfte: Erholung. Jeweils von oben nach unten: Ableitung präzentral, occipital, Differenz von präzentral und occipital. Beachte vor allem das Verhalten des „Grundrhythmus“ (beherrschende, zumeist reguläre und spitze Schwankungen in allen Ableitungen mit der Frequenz 4—5/sec). Ischämie von „0,8 Atm.“ bis „auf“. — P_0: alle Spontanpotentiale der Gehirnrinde sind verschwunden. S = Schnappatmung. Kr = Krämpfe. Die ersten Schwankungen kurz nach Beendigung der Ischämie sind Artefakte (pulssynchron). Zeit in sec.

die Sauerstoff- oder Blutzufuhr vollständig und plötzlich unterbrochen wird (Anoxie bzw. totale Ischämie). Bei nicht vollständiger Unterbrechung (Hypoxie oder Oligämie) erlangt neben dem Zeitfaktor auch der Regulationsfaktor (s. o.) und der Intensitätsfaktor Bedeutung.

Einige der *reversiblen Wirkungen* bei totaler Ischämie des Gehirns sind auf Abb. 3 erkennbar. Bei einem Kaninchen wurde die Blutzufuhr zum Gehirn momentan vollständig unterbrochen, unter Registrierung des Elektroencephalogramms (EEG) und Prüfung des Cornealreflexes. Bei 10 sec treten Krämpfe auf. — Nach rund 30 sec sind die Spontanpotentiale über der Gehirnrinde verschwunden. Etwa um die gleiche Zeit oder später (bis zu 60 oder 65 sec) verschwindet der Cornealreflex und verschwinden andere Reflexe. Bis 90 sec oder länger (beim Menschen mehrere Minuten) kann Schnappatmung erhalten bleiben, eine primitive, aus tieferen Teilen des Atmungszentrums stammende Atmungsform. — In Abb. 3 wird nach 50 sec der Blutstrom wieder freigegeben und es tritt innerhalb 2—3 min Erholung ein.

Die irreparablen Schäden werden entweder histologisch nachgewiesen: 1—2 Tage nach Wiederbelebung sind Nekrosen in den Ganglienzellen erkennbar; oder der Nachweis wird funktionell geführt: nach Wiederherstellung normaler Versorgungsbedingungen stellt sich die Erregbarkeit entweder gar nicht oder nur unvollständig wieder her.

Wir nennen die Zeit einer Anoxie oder Ischämie, nach der die Erregbarkeit reversibel erlischt, *Lähmungszeit* (survival time, Überlebenszeit), die Zeit, nach der eine vollständige Wiederbelebung eben noch möglich ist, *Wiederbelebungszeit* (revival time). Die Wiederbelebungszeit ist zugleich das beste Maß für das, was die Pathologen als *Vulnerabilität* bezeichnen. Die Lähmungszeit ist somit ein Maß der *Funktionsstabilität*, die Wiederbelebungszeit ein Maß der *Strukturstabilität*. — Beide sind in den höheren Abschnitten des ZNS bemerkenswert gering.

In Tab. 7 sind einige dieser Zeiten für verschiedene Teile des Gehirns im Vergleich zu Herz und Niere zusammengestellt. Es ist oft behauptet worden, daß diese Zeiten eine inverse Beziehung zu dem Sauerstoffverbrauch des betreffenden Organes oder Gehirnteiles hätten. Nach Tab. 7 wäre eine solche Beziehung innerhalb des zentralen Nervensystems möglich. Der Vergleich mit Herz

Tabelle 7. *Resistenz verschiedener Warmblüter-Organe in situ gegenüber Anoxie und Ischämie.*

	Atmung cm³O_2 100 g^{-1} min^{-1} (Tab. 1 und 2)	Lähmungszeit sec	Methoden	Lit.	Wiederbelebungszeit min.	Methoden	Lit.
Cortex cerebri .	5—6	10 . . . 30	Verschwinden der Spontanpotentiale (EEG) (Katzen, Kanin.)	1, 2, 3	3′10″	Occlusion, Art. pulm. Nekrosen (Katze)	13
Mittelhirn . . .	etwa 4				5—6	desgl.	13
Cornealreflex .		30 . . . 65	Reflex verschwund. (Kaninchen)	4, 2, 13			
Medulla obl. . .	etwa 3 (Hund)	90 . . . 120	letzte Schnappatm. n. Dekapitation (Meerschw., Kan.)	5	8—10	desgl.	13
Rückenmark . .	etwa 2—3 (Hund) 16,7 (Ratte)	50 . . . 200	Reflex verschwund. n. Occlus. der Aorta	6, 7, 8	> 15 . . . 25	Occl. Aorta, Nekrosen od. funkt. Erholung	14, 15, 15a
Ganglion vegetat.	—	40 . . . 50 (Minuten)	Nerv. Leitung ∅ bei Anoxie	9, 10	180 . . . 400	Occl. Gefäße, Nekrosen od. funkt. Erholung	16, 10
Herz, Ventrikel	10	7 . . . 14 (Minuten)	Stillst. b. Asphyxie od. Dekapitation (Hund, Kanin.)	11, 12	30	Occl. Coronargef. Nekrosen od. Erholung (Hund)	17, 18
Niere	6 . . . 10	—	—		30 . . . 90	Occl. Nierenhilus Nekrosen, Urämie. (Ratte, Kanin.)	19, 20, 21
					> 180	Überleben (Hund)	22

Literatur zu Tabelle 7.

[1] SUGAR, O., and R. W. GERARD: J. of Neurophysiol. 1, 558 (1938).
[2] OPITZ, E., u. W. KRÖGER: Noch nicht publiziert.
[3] NOELL, W., and H. J. CHINN: l. c. [66].
[4] OPITZ, E., W. THORN u. U. C. LORENZEN: l. c. [69, 73].
[5] OPITZ, E., u. J. SAATHOFF: Pflügers Arch. **1952** (im Druck).
[6] HARREVELD VAN, A.: Amer. J. Physiol. **133**, 572 (1941); **141**, 97 (1944).
[7] KIRSTEIN, L.: Acta physiol. scand. (Stockh.) **23**, Suppl. 80 (1951).
[8] BLASIUS, W.: Z. Biol. **103**, 209 (1950).
[9] BARGETON, D.: Amer. J. Physiol. **121**, 261 (1938).
[10] BRONK, D. W.: Proc. Assoc. Res. Nerv. Ment. Dis. **18**, 298 (1938). — J. Cell. Comp. Physiol. **31**, 193 (1948).
[11] CHANG, J.: Quart. J. Exper. Physiol. **28**, 3 (1938).
[12] Selle, W. A.: Proc. Soc. Exper. Biol. a. Med. **48**, 417 (1941).
[13] WEINBERGER, L. M., M. H. GIBBON and J. H. GIBBON: Arch. of Neur. **43**, 615 (1940).
[14] COLSON: Arch. de Biol. **10**, 431 (1890).
[15] TSCHIRGI, R. D. et al.: Federat. Proc. 8, 166 (1949).
[15a] HOCHBERG, I. u. H. HYDÉN: Acta physiol. scand. (Stockh.) **17**, Suppl. 60 (1949).
[16] CANNON, W. B., and J. R. BURCKETT: Amer. J. Physiol. **32**, 347 (1913).
[17] GROSS, F., H. GRUNDMANN u. H. J. SARRE: Verh. dtsch. Ges. Kreislaufforsch. **16**, 183 (1950).
[18] HOFF, H. E.: In Fulton, Textbook of Physiology, p. 693, 1951.
[19] KOLETZKY, S., and G. E. GUSTAVSON: J. Clin. Invest. **26**, 1072 (1947).
[20] LITTEN, M.: Z. klin. Med. **1**, 131 (1880).
[21] HILSCHER, W., W. ROTTER u. E. OPITZ: Noch nicht publiziert.
[22] PHILLIPS, R. A., and P. B. HAMILTON: Federat. Proc. **5**, 80 (1946).

und Niere lehrt aber, daß von der genannten Regel ganz erhebliche Abweichungen existieren[(c)]. Es ist ferner von NOELL[64, 66] gezeigt worden, daß der frühere Funktionsausfall höherer Gehirnteile nicht so sehr auf einer geringeren Resistenz der Einzelelemente beruht, sondern mehr auf der leichteren Störbarkeit komplexer Funktionen- deren geregelter Ablauf an das Zusammenwirken zahlreicher Ele, mente gebunden ist.

Die Vulnerabilität nimmt innerhalb des Gehirns im ganzen von den cranialen zu den caudalen Teilen ab. Wie aus einer eingehenden Zusammenstellung von BÜCHNER[9] hervorgeht, gilt dies jedoch nur für akute Anoxie oder Ischämie. Bei anderen Versorgungsstörungen, wie CO-Vergiftung, Blutverlust und Anämie, herrscht ein anderes „Schädigungsmuster" vor: hier können zuerst und fast ausschließlich tiefer liegende Gehirnteile wie Pallidum und Ammonshorn befallen sein, während Groß- und Kleinhirnrinde und Corpus striatum mehr oder weniger verschont bleiben. Die Ursachen für diese unterschiedlichen Schädigungsmuster sind nicht sicher bekannt.

Der großen Geschwindigkeit, mit der nach Absperrung der Blutzufuhr Störungen der Gehirntätigkeit und Schäden der Struktur eintreten, entsprechen ebensolche Veränderungen des Stoffwechsels.

1. p_H *der Gehirnrinde*[85a]. Abb. 4 zeigt den Abfall des p_H auf der Oberfläche der Gehirnrinde bei plötzlicher Unterbrechung der

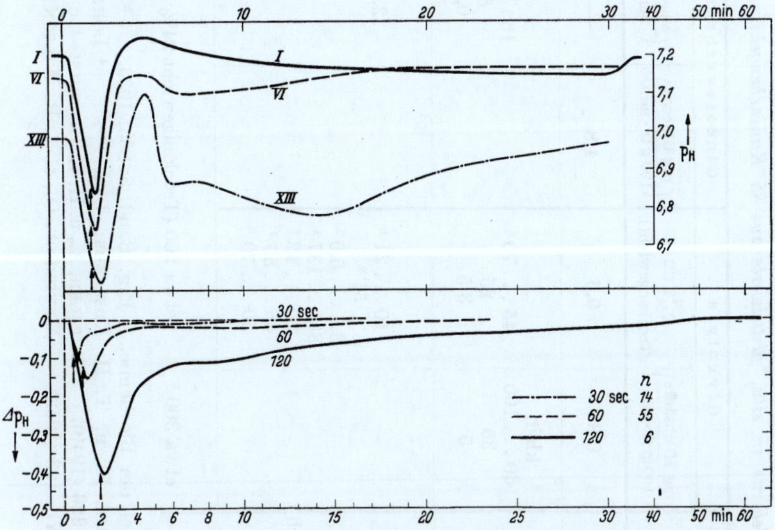

Abb. 4. *p_H auf der Gehirnoberfläche narkotisierter Kaninchen bei plötzlicher Unterbrechung der Blutzufuhr zum Gehirn.* Glaselektrode und Röhrenvoltmeter. Nach THORN (l.c.[85a]) *Oben*: Wiederholte Versuche von 90 sec Dauer am gleichen Tier im Abstand von 40 bis 60 min. I—XIII = fortlaufende Nummer des Versuches. Erholung wird zunehmend verzögert, bei XIII sekundärer p_H-Abfall infolge Kreislauf- und Atmungsstörungen. *Unten*: Mittelwerte des p_H-Abfalles bei verschiedener Dauer der Ischämie. Bei Pfeil jeweils Freigabe des Blutstromes. Bis zur Ischämiedauer von 2 oder 3 min erfolgt der p_H-Abfall nahezu linear. Zahlen rechts (n) = Anzahl der Versuche von jeder Gruppe.

Blutzufuhr zum Gehirn an narkotisierten Kaninchen (eine um den Hals gelegte Blutdruckmanschette wird auf 0,9 Atm. aufgeblasen: Nur beim Kaninchen, nicht bei Katzen oder Hunden, wird hierdurch eine totale Ischämie erzeugt, wie zahlreiche Nachprüfungen bewiesen haben[73, 21, 69]). Nach einer kurzen, etwa 6 sec dauernden Latenzzeit fällt das p_H ab mit einer durchschnittlichen Geschwindigkeit von 0,14 p_H/min (Mittel aus 98 Versuchen von 30—150 sec Dauer). — Nach Wiederfreigabe des Blutstromes wird der Ausgangswert je nach Dauer der voraufgegangenen Ischämie nach 10

Tabelle 8. *Anaerobe Glykolyse des gesamten Gehirns in situ. Mittelwerte aus 85 Kaninchengehirnen.* Nach Thorn[85, 86].

Phase	Zeit vom Moment der Dekapitation (sec)	Glykolyse		Glucoseverbrauch		ΔF
		$\left(\frac{\text{mg Milchsäure}}{100\,\text{gr fr}\cdot\text{min}}\right)$	$Q_{M}^{N_2}$ (21% Trockengewicht)	$\left(\frac{\text{mg Glucose}}{100\,\text{g fr}\cdot\text{min}}\right)$	$\left(\frac{\text{anaerob}}{\text{aerob}}\right)$	$\left(\frac{\text{cal}}{100\,\text{g fr}\cdot\text{min}}\right)$
Normal, anaerob	—	0,8	0,6	4,8	—	17
I Latenz	0 bis 2 ... 5	klein				—
II Maximum	5 bis 10 ... 25	60 ... 100	45 ... 70		16 ... 20	18 ... 30
III erste lineare Phase . .	25 bis 100	35	25		5	11
IV zweite lineare Phase . .	100 bis 300	5	3,5		0,7	1,5
Vergleiche (anaerob)						
Gehirnrinde in vitro	Ratte, Kaninchen		10 ... 21 [1]		2,6 [5]	21% der aeroben Energie
Gehirnrinde in vitro	Kaninchen		51 [2]			
Weiße Subst. in vitro . . .	Kaninchen		3,7 ... 5,9 [1]			
Retina	Ratte, Huhn		88 ... 137 [1]			
Carcinom in vitro	Maus, Ratte, Mensch		20 ... 42 [1]			
Ascites-Tumor	Maus		45 ... 55 [7]			
Gehirnextrakt (38°) in vitro			50 ... 70 [6]			
Skeletmuskel, max. Arbeit situ	Mensch	etwa 300 [3]	etwa 200 (Trockengewicht 24% [4])			

[1] Krebs, H. A.: Tab. in Oppenheimer, Handbuch der Biochemie, 1. Erg. Band, S. 863, 1933. [2] MacFarlane, M. G., u. H. Weil-Malherbe: l. c. [58] [3] Margaria, R., u. T. H. Edwards: l. c. [59a] [4] Lohmann, K.: l. c. [57] Björk, G.: Acta med. scand. (Stockh.) Suppl. **226** (1949). [5] Chesler, A., u. H. E. Himwich: l. c. [11] [6] Warburg, O., u. E. Hiepler: Z. Naturforsch. **7**b, 193 (1952). [7] Meyerhof, O., u. J. R. Wilson: l. c. [62a]

bis 50 min wieder erreicht. Eine Normalisierung des p_H wurde auch noch nach 4 min Ischämie beobachtet, obwohl hiernach mit Sicherheit irreparable Schäden in der Gehirnrinde eintreten.

Die Erholungszeit bis zum Erreichen des normalen p_H steht in keiner festen Beziehung zu der funktionellen Erholungszeit, wie sie z. B. mit Hilfe des EEG gemessen werden kann (bis zur Normalisierung der Rindenpotentiale): Nach kurzdauernder Ischämie von 1 min kehrt p_H später zur Norm zurück als das Potentialbild der Gehirnrinde; aber bei längerdauernder Ischämie (über 90 sec) bleibt das EEG viel länger abnorm als das p_H.

Die raschen p_H-Änderungen deuten auf eine erhebliche Säurebildung hin.

2. Die anaerobe Glykolyse in situ haben wir an Kaninchen zumeist in leichter Narkose folgendermaßen gemessen[85, 86]: Die Tiere wurden dekapitiert mit einer Tförmigen Guillotine, so daß der Schädel der Länge nach in 2 Hälften gespalten wurde. Die erste Hälfte kam sofort, innerhalb 1 bis höchstens 2 sec, in flüssige Luft, die andere Hälfte erst nach 5 sec bis zu 5 min. Da das Gehirn mit breiter Oberfläche an das Kühlmittel grenzt, ist eine rasche Unterkühlung gewährleistet (Thermoelement in 1—2 cm Tiefe: 0° nach 9—11 sec[6]). Aus der Differenz des mit Cerisulfat bestimmten Milchsäuregehaltes bzw. aus dem allgemeinen Gang des Milchsäuregehaltes von mehr als 80 Kaninchengehirnen wird die Geschwindigkeit der Milchsäurebildung berechnet.

Die so gemessene Glykolyse wird durch die Narkose wenig oder gar nicht beeinflußt, im Gegensatz zur Atmung (s. o.). Das steht in Übereinstimmung mit früheren Untersuchungen in vitro[56, 63]. Im Ablauf der Glykolyse lassen sich bis zur 5. Minute nach Dekapitation 4 Phasen abgrenzen (Abb. 5 und Tab. 8).

Zur Beurteilung, insbesondere der Phase II, des Glykolysemaximums, ist zu beachten, daß zu dieser Zeit am unversehrten Tier starke Krämpfe auftreten (vor allem zwischen der 10. und 30. Sekunde der Ischämie). Maximale Krämpfe rufen unter aeroben Bedingungen eine Steigerung des Energieumsatzes um 75% hervor (S. 68). Auch unter den vorliegenden, anaeroben Bedingungen ist der aus der Milchsäurebildung berechnete Umsatz an freier Energie während des Glykolysemaximums bis über 50% höher als der Energieumsatz des aeroben, normal tätigen Gehirns. Die höchsten, am einzelnen Tier gemessenen Werte der anaeroben Glykolyse erreichten 100 mg-%/min ($Q_M^{N_2} = 70$). Diese und die in Tab. 8 für das Maximum angegebenen Geschwindigkeiten überschreiten wesentlich sämtliche in vitro an Gehirnschnitten gemessenen Werte, selbst des höchsten der Literatur von MACFAR-

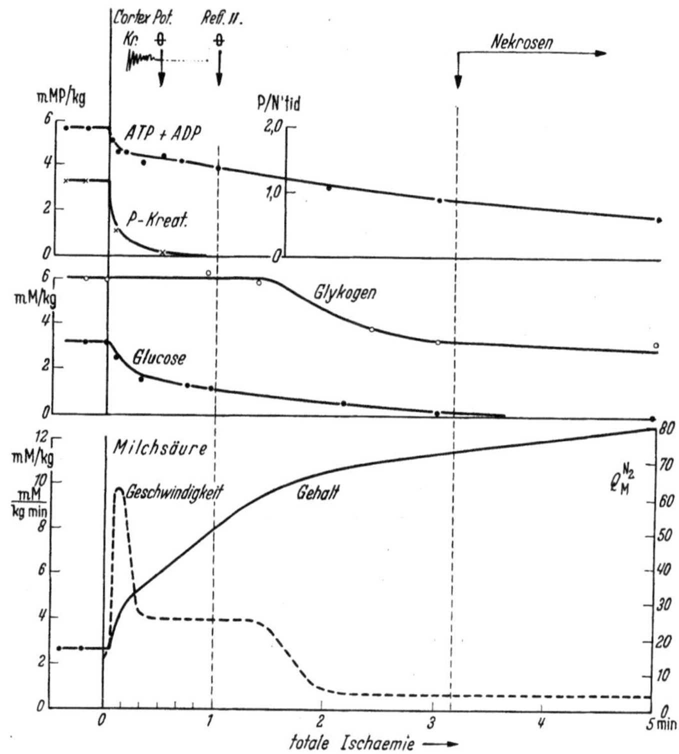

Abb. 5. *Chemische Veränderungen im gesamten Gehirn bei totaler Ischämie zugleich mit den wichtigsten funktionellen Ereignissen:* Kr = Krämpfe, Cortex pot. θ = Verschwinden der Spontanpotentiale im EEG.— Refl. II θ = endgültiges Verschwinden des Cornealreflexes. — Ab „Nekrosen" beginnt die Stufe der irreparablen Schäden. Bis dahin ist volle und dauernde Wiederbelebung möglich, später, bis 5 min, nur noch partielle Wiederbelebung, nach mehr als 5 min nur noch zeitlich befristete Wiederbelebung. ATP, Phosphokreatin, freie (vergärbare) Glucose u. Glykogen nach KERR u. a. (l.c, 41-45) Milchsäure nach THORN (l.c. 85, 86). P/N'tid ist das molare Verhältnis von Pyrophosphat zu Nucleotid (normal 1,98). Sämtliche Werte vom in situ oder sofort nach Dekapitation in flüssiger Luft fixierten Gehirn von Kaninchen, Hunden und Katzen.

LANE und WEIL-MALHERBE ($Q_M^{N_2} = 51$); denn dieser ist an Gehirnrinde gewonnen, welche 3—4 mal stärker glykolysiert als die weiße Substanz und somit auch stärker als das gesamte Gehirn, worauf sich unsere Werte beziehen. Die maximale Geschwindigkeit in situ wird nur erreicht von Extrakten gelöster Hirnenzyme[62a]; sie wird nur von wenigen Geweben übertroffen: so von der Retina in vitro und vom Skeletmuskel des Menschen bei maximaler Arbeit, dessen Glykolyse wir aus Messungen von MARGARIA und EDWARDS berechnet haben unter Annahme eines Muskelgewichtes von 43% des Körpergewichtes.

Die Unterschiede der Gehirnglykolyse in vitro zu denen in situ beruhen sicherlich auf der außerordentlichen Vulnerabilität gerade der Glykolysierfähigkeit gegenüber selbst kurzdauernder Unterbrechung der Sauerstoff- und Glucosezufuhr. Selbst bei MACFARLANE und MALHERBE betrug die Zeit von Tötung des Tieres bis Versuchsbeginn 20 min. Ursächlich dürfte hierfür verantwortlich sein die hohe Aktivität von Enzymen, welche Cofaktoren der Gehirnglykolyse zerstören, sofern die Intaktheit der Struktur beeinträchtigt ist[62a]

Auch die Bildung freier Energie (1 mg Milchsäure aus Glucose = — 0,31 cal) übertrifft die in vitro gemessenen Beträge: hierbei wurden unter Anaerobiose und in Gegenwart von Glucose von der Gehirnrinde der Ratte nur 21% der aeroben Energie erreicht, während der Glucoseumsatz den anaeroben Verbrauch nur um den Faktor 2,6 überschritt[11]; in den vorliegenden Versuchen wurde vorübergehend ein maximaler Umsatz vom 10 bis 20-fachen der Norm gemessen. Auch diese Zahlen sprechen für eine Steigerung des Bedarfes, oder eine verminderte Ausnutzung der gebildeten Energie: Trotz vorübergehend gesteigerter Ausbeute an freier Energie sind alle Anzeichen schweren Energiemangels bereits gegeben.

Die Steigerung des Kohlenhydratumsatzes ist beträchtlich, wenn man bedenkt, daß dieser bei maximalen Krämpfen aerob kaum wesentlich über das Doppelte hinausgehen dürfte, und daß während dieser Krämpfe schon Anzeichen von Versorgungsschwierigkeiten eintreten, wie: Senkung des Sauerstoffdruckes im Gewebe[15, 16], vorübergehende Abnahme des Phosphokreatins und Zunahme des Milchsäuregehaltes[3, 17, 43], zeitweilige Abnahme des Acetylcholins[77].

3. Glucose- und Glykogengehalt sowie Phase III und IV der Glykolyse. In zu wenig beachteten Untersuchungen haben KERR und Mitarbeiter das Verhalten des Kohlenhydratgehaltes und der energiereichen Phosphatverbindungen am in situ eingefrorenen Warmblütergehirn bei totaler Ischämie durch Dekapitation analysiert (Abb. 5). Der Glucosegehalt sinkt ab von Anbeginn der Ischämie, so daß nach 3 bis spätestens 5 min die freie Glucose praktisch verschwunden ist[45]. Dagegen scheint das als Glykogen bestimmte Polysaccharid erst von der 80. Sekunde an merklich abgebaut zu werden, etwa zu der Zeit, wo Phase III der Glykolyse in Phase IV übergeht. Ob diese Änderung der Glykolysiergeschwindigkeit auf einen Wechsel des Substrates zurückzuführen ist, oder

Tabelle 9. *Gehalt an Kohlenhydraten und energiereichen Phosphatestern in verschiedenen Warmblüter-Organen.*

	Glykogen (mg-%)	Glucose (mg-%)	Gesamt-KH (mg-%), als Glucose	Milchsäure (mg-%)	P-Kreatin mg-% P	ATP + ADP mg-% P	Gesamt-E-Phosphor (mg-% P)
Gehirn (nach Fixation in flüss. Luft (Lit. I)	**80 . . . 100** [a)b)]	**50 . . . 75** [a)c)] bei Katzen [b)]	**160**	**15 . . . 25** [e)f)a)c)] in Narkose [d)] 34 ohne Narkose	**9 . . 12** [a)c)d)e) g)h)] in Narkose höher	**11 . . . 15** [c)e)h)] Ratte, Katze **17** Hund [i)]	**20 . . . 25**
Herz (Lit. II)	**450 . . . 550** [a)b)c)]	**45 . . . 60** [d)]	**550**	**20 . . . 32** [e)f)]	**10 . . . 16** [a)b)]	**19 . . . 25** [a)b)]	**25**
Skeletmuskel (Lit. II)	**340 . . . 650** [g)h)]	**19 . . . 35** Ruhe [i)] **11 . . . 23** Ruhe [d)] **45** Arbeit [d)]	**600**	**10 . . 30** Ruhe [k)l)]	**20 . . 76** [a)g)f)]	**20 . . . 32** [f)]	**50 . . . 80**
Leber (Lit. III)	**2000 . 5000** [a)b)c)d)] (ohne Fasten) **150 . . . 850** (24 Std. Fasten)	—	—	—	Spuren od. ϕ [e)]	**7 . . . 14** [e)]	**11**

ob er auf den Unterschieden der Geschwindigkeit in grauer und weißer Substanz beruht, muß dahingestellt bleiben. Es kann ebenfalls noch nicht entschieden werden, ob eine Glykolysehemmung eintritt durch die gebildete Milchsäure selbst[19, 62] oder durch die im Gehirn in vitro nachweisbare Nuclease, welche das Di- und Tri-Phosphopyridinnucleotid spaltet, allerdings nur deren oxydierte Form[18a]. Dieses Ferment ist als wichtiger Hemmstoff, wenigstens der aeroben Glykolyse des Gehirns in vitro anzusehen[60a, 89] (vgl. WEIL-MALHERBE in diesem Heft).

4. Energiereiches Phosphat. Der Phosphokreatingehalt des in situ gefrorenen Gehirns nimmt, soweit die wenigen, von KERR durchgeführten Analysen zeigen, sofort mit Beginn der Ischämie rapide ab; schon nach 30 sec sind nur noch 10% des Ausgangswertes nachweisbar[41, 60b]. Das Adenylpyrophosphat hingegen fällt nur in

Literatur zu Tabelle 9.

Die Hinweisnummern beziehen sich auf das Verzeichnis am Ende der Arbeit.

I. Gehirn.

a) Hund, Katze, Kaninchen: KERR et al., l. c. [43, 44].
b) KERR, ST. E., C. N. HAMPEL and M. GANTHUS: J. of Biol. Chem. **116**, 9 (1936).
c) Katzen: BAIN u. KLEIN, l. c. [3].
d) Katzen: AVERY, B. F., KERR, S. E. and M. GANTHUS: J. of Biol. Chem. **110**, 637 (1935).
e) Ratten: OLSEN, N. S., and J. R. KLEIN: J. of Biol. Chem. **167**, 739 (1947).
f) Kaninchen: THORN, W., l. c. [85, 86].
g) Hund, Katze: KERR, l. c. [41].
h) Ratten: DAWSON u. RICHTER, l. c. [17].
i) KERR, l. c. [42].

II. Herz und Muskulatur.

a) Herz: Ratten; Muskulatur: Ratten u. Kaninchen. SCHUMANN, l. c. [84a].
b) Kaninchen: Ventrikel CHANG, l. c. [9a].
c) Hund: VISSCHER, M. B. et al.: Amer. J. Physiol. **94**, 630 (1930).
d) Kaninchen: CORI, G. T., J. O. CLOSS and C. F. CORI: J. of Biol. Chem. **103**, 13 (1933).
e) Katze: KATZ, L. N. et al.: Proc. Roy. Soc. (Lond.) B **99**, 8, 20 (1926).
f) Kaninchen: LOHMANN, K.: Biochem. Z. **203**, 164 (1928); vgl. a. F. LIPMANN: Adv. Enzymol. **1**, 98 (1941).
g) Kaninchen: KERR, S. E., C. W. HAMPEL and GANTHUS: J. of Biol. Chem. **119**, 405 (1937).
h) Ratte, Kaninchen usw.: Nach KÜHNAU, H. J. in Oppenheimer, Handbuch der Biochemie. Erg.-Bd. 3, 538 (1936).
i) Mensch, Operationsmaterial: TRIMBLE, H. C., and B. W. CAREY: J. of Biol. Chem. **90**, 655 (1931).
k) CORI, C. F., and G. T. CORI: J. of Biol. Chem. **100**, 323 (1933).
l) DAVENPORT, H. A. et al.: J. of Biol. Chem. **76**, 651 (1928).

III. Leber.

a) Ratte: LANGLEY, L. J. et al.: Amer. J. Physiol. **161**, 331 (1950).
b) Kaninchen: KERR, ST. E. et al.: J. of Biol. Chem. **119**, 405 (1937).
c) Mensch: nach Lohmann, l. c. [57].
d) Ratte u. a.: Nach J. H. KÜHNAU, in Oppenheimer, Handbuch der Biochemie, Erg.-Bd. 3, 538 (1936).
e) Ratte: SACKS, J.: J. of Biol. Chem. **181**, 655 (1949); ferner: LE PAGE: Cancer Res. **8**, 193 (1948). VENKATARAMAN et al.: J. of Biol. Chem. **185**, 175 (1950).

den ersten 10 sec rasch ab, späterhin bedeutend langsamer als das Phosphokreatin[42]. Das Verhältnis von labilem Phosphat zu Nucleotid sinkt von 1,98, dem normalen Ausgangswert, in der 2. Minute auf 1,0, d. h. von hier ab liegt der größte

Teil der Pyrophosphatfraktion als ADP vor. Erst nach der 3. Minute sinkt auch die Konzentration des Nucleotid-N merklich ab[42]. Der Abbau des Nucleotids erfolgt wahrscheinlich durch die Ribonuclease, welche im Gehirn eine besonders hohe Aktivität besitzen soll[76, 62l]. Der Abbau kann aber erst nach Abspaltung des Pyrophosphats beginnen.

Das Verhalten von ATP und ADP steht in Übereinstimmung mit dem von Gehirnschnitten unter Anaerobiose in vitro[58]: bei Gegenwart von Glucose sinkt das leicht spaltbare Phosphat in wenigen Minuten auf die Hälfte des Ausgangswertes und bleibt so länger als eine Stunde. Ohne Glucose aber ist das labile Phosphat schon nach weniger als nach 3 min verschwunden. Somit ähnelt — im Hinblick auf diese Phosphatfraktion — die Ischämie in situ während ihres ersten, reversiblen Abschnittes der Anoxie in vitro *mit* Zusatz von Glucose, in ihrem zweiten „irreparablen" Abschnitt der Anoxie in vitro *ohne* Glucose: der langsame Abbau des Glykogens vermag den nunmehr eingetretenen völligen Mangel an freier Glucose nur unvollkommen auszugleichen.

Der Abfall der energiereichen Phosphatverbindungen ist sicherlich Mit-Ursache für die rasche Abnahme der Glykolysiergeschwindigkeit[58, 62a]. Der Zerfall geht im Gehirn viel rascher vor sich als im Herzen[84a, 9a] oder gar in der Darmmuskulatur[26a]. Es zeigt sich hier eine Parallelität zwischen Lähmungszeit und Chemismus.

B. Mögliche Beziehungen zwischen Stoffwechsel und Wirkungen der Ischaemie.

Nach Abb. 6 lassen sich 3 Gruppen von „Wirkungen" unterscheiden:

1. Initialsymptome: Zum Beispiel Krämpfe und Bewußtseinsverlust. Die Zeit bis zum Eintritt dieser Symptome, das „freie Intervall", dauert 7—10 sec. Zu diesen Symptomen wäre auch der Beginn der anaeroben Glykolyse zu rechnen (etwa 5 sec).

2. Reversible Lähmungssymptome. Die Lähmungszeiten betragen 30—65 sec. Bei primitiven Funktionen, wie Schnappatmung, sind sie länger (Tab. 7).

3. Irreparable Schäden: Die Wiederbelebungszeit für die Ganglienzellen der Gehirnrinde ist nach 3 min abgelaufen. Nach 5 min sind die Schäden auch in anderen Gebieten so weit fortgeschritten, daß eine dauernde Wiederbelebung des gesamten Organismus nicht mehr möglich ist.

Der Kürze dieser Zeiten entspricht im Gehirn:

I. ein geringer Vorrat an Sauerstoff und an anaerob verfügbaren Energiequellen (Tab. 9).

II. ein hoher, durch Krämpfe gesteigerter Energiebedarf zur Erhaltung der Erregbarkeit und, wie vermutet werden darf,

III. ein hoher Energiebedarf zur bloßen Erhaltung der Struktur: Strukturumsatz [(c)], Strukturstoffwechsel[84].

1. Freies Intervall. Die Reserve im Gehirngewebe an molekularem Sauerstoff (am Hämoglobin im Capillarblut und physikalisch gelöst in den Zellen) vermag den normalen Sauerstoffbedarf nur kurze Zeit zu decken. Demgemäß ist die *Reduktionszeit*, die Zeit bis zum Verbrauch dieser Reserve, kurz und bedeutend kürzer als in anderen Organen. In abgerundeten Zahlen:

	Reduktionszeit
Gehirn, graue Substanz.	0,1 min[7, 73, (c)],
Zungenmuskel (Katze)	1 „ [93],
Hautfalte (Mensch, 37° C). . . .	20 „ [60].

Es ist übereinstimmend nach Messung[7, 69] und Berechnung[73] anzunehmen, daß der molekulare Sauerstoff 2—8 sec nach Unterbrechung der Blutzufuhr aus den grauen Arealen des Gehirns verschwunden ist; nach dieser Zeit beginnt die Anoxie in den Gehirnzellen und unmittelbar danach setzen die Initialsymptome ein. Verändert man die Sauerstoffreserven und damit die Reduktionszeit durch Anämie und akute Polycythämie[71] oder durch Höhenakklimatisation[73], so verändert sich das freie Intervall jeweils im gleichen Sinne und etwa im gleichen Maße wie die Reduktionszeit. Dasselbe ist bei Atmung von reinem Stickstoff der Fall, wo Reduktionszeit und freies Intervall um je 5—15 sec länger sind als bei akuter Ischämie. Die Annahme ist daher begründet, daß die Initialsymptome unmittelbare Folge des Anoxiebeginnes in den Zellen sind. Auf der anderen Seite ergibt sich, daß selbst die höheren zentralen Funktionen des ZNS für kurze Zeit — etwa 20 sec — unter vollständiger Anaerobiose zu überdauern vermögen. Aber auch während dieser kurzen Frist ist die Rindentätigkeit schon gestört (Abb. 3): Ein *normaler* Ablauf der Gehirntätigkeit scheint unter Anaerobiose, selbst während einiger Sekunden, nicht möglich zu sein.

2. Lähmung. Es ist z. Z. nicht möglich, eine wohlbegründete chemische Interpretation für die Ursachen der Lähmung zu geben. Es ist auch zu berücksichtigen, daß ein wesentlicher Teil der chemischen Veränderungen im Gehirn zu Beginn der Anoxie durch die anoxischen Krämpfe bedingt sind, da Krämpfe, auch unter aeroben

Bedingungen, ganz ähnliche chemische Veränderungen zur Folge haben, wie sie in den Anfangsstadien der Ischämie gefunden werden[3, 17, 43, 52a, 77]. Überdies geht ein Teil dieser Veränderungen — ganz wie bei Ischämie — dem eigentlichen Beginn der Krämpfe um einige Sekunden voraus, wie z. B. der Abfall des Sauerstoffdruckes im Gewebe[16] und der Zerfall des Phosphokreatins[17].

Energiereiches Phosphat. Der Abfall des Phosphokreatins dürfte somit z. T. oder ganz mit den Krämpfen zusammenhängen. In anderen Organen, welche keiner oder nur einer geringen zusätzlichen Belastung bei Erstickung unterliegen, erfolgt der Abfall der energiereichen Phosphatester bedeutend langsamer. Zum Beispiel im Herzen unter Anoxie[84a] oder bei Erstickung[9a]. Das Phosphokreatin ist die einzige Substanz, welche zur gleichen Zeit aus dem Gehirn verschwunden ist, wo die Lähmung höherer Funktionen einzutreten pflegt, während die Konzentration an labilem Adenylsäurephosphat bei 30 sec noch mehr als 50% beträgt. Auch die Tätigkeit des erstickenden und sich anschließend wieder erholenden Herzens geht weit eher parallel mit dem Gehalt der Muskulatur an Phosphokreatin als mit dem an labilem Adenylsäurephosphat[9a].

Insgesamt nimmt der Gehalt an energiereichem Phosphat in den ersten 30 sec um 4,7 mM/kg ab. Der Umsatz des normal atmenden Gehirns an diesen Estern in 30 sec kann auf 4,4 mM/kg abgeschätzt werden ($P/O = 3{,}0$, Atmung 0,74 mM O_2/kg/30 sec). Die Spaltungsgeschwindigkeit der energiereichen Phosphatester würde also in der ersten halben Minute selbst dann einen normalen Energiebedarf decken können, wenn inzwischen keine Resynthese erfolgt. Sie genügt aber nicht für den durch Krämpfe gesteigerten Bedarf. In der folgenden Zeit sinkt das restliche Pyrophosphat nur noch mit $^1/_{10}$ der bisherigen Geschwindigkeit ab (wenn eine evtl. Resynthese nicht mitberücksichtigt wird), und zu dieser Zeit ist die Lähmung der höheren Gehirnteile bereits eingetreten.

Die Glykolysiergeschwindigkeit ist der zweite Faktor, welcher mit der Lähmung (und der Abnahme der Phosphatester) in Zusammenhang gebracht werden kann: nach 30 sec ist das Glykolysemaximum abgeklungen, und die nun beginnende erste lineare Phase der anaeroben Glykolyse (Phase III) liefert theoretisch nur noch 65% derjenigen Energie, welche von dem normal atmenden Gehirn umgesetzt wird. Eine solche Energieleistung reicht auch unter aeroben Verhältnissen nicht aus zur Erhaltung der höheren Gehirntätigkeit (vgl. S. 78). Es ist nicht sehr wahrscheinlich, daß die

Abnahme der Glykolysiergeschwindigkeit zu dieser Zeit ausschließlich auf Substratmangel beruht. Wäre die Glucosekonzentration der allein begrenzende Faktor, so wäre nicht ein linearer Anstieg des Milchsäuregehaltes zu erwarten, wie er für den fraglichen Zeitabschnitt tatsächlich nachgewiesen ist[85, 86].

Es ist also auch unsicher, ob die *Konzentration an „freier" Glucose* im Hirngewebe begrenzender Faktor für den Eintritt der Lähmungen ist, sofern nicht zu Beginn der Ischämie eine ausgesprochene Hypoglykämie besteht. Durch vorherige Glucosegabe läßt sich die Lähmungszeit des Cornealreflexes[69] und der Rindenpotentiale[69a, 84b] an erwachsenen Tieren nicht verlängern. Ein Einfluß von Glucosezufuhr durch das strömende Blut läßt sich auch dann nicht nachweisen, wenn man die Wirkungen der Ischämie vergleicht mit denen einer reinen Anoxie, d. h. Atmung reinen Stickstoffs unter Aufrechterhaltung des Blutstromes über begrenzte Zeit, während derer also nur die Zufuhr von Sauerstoff, nicht aber die von Glucose unterbrochen ist. Die Lähmungszeit ist bei reiner Anoxie nicht länger als bei Ischämie, wenn man berücksichtigt, daß die Reduktionszeit und das freie Intervall bei reiner Anoxie länger sind als bei Ischämie[69, 69a].

Im übrigen ist es bisher nur für gewisse primitive Erregungsabläufe im Gehirn bewiesen, daß sie durch die Energie der anaeroben Glykolyse allein unterhalten werden können, wie die sog. II. Phase der primitiven Schnappatmung[70, 80].

Das p_H *des Hirngewebes* übt einen deutlichen, wenngleich nicht entscheidenden Einfluß aus auf die Lähmungszeit: p_H ist nicht entscheidend, weil sein Abfall unter reiner Anoxie (N_2-Atmung) später, nach etwa 20 sec, beginnt und anschließend nur halb so rasch vor sich geht als bei Ischämie (0,07/min gegen 0,14/min[85a]), die Lähmungszeit aber, wie erwähnt, in beiden Fällen dieselbe ist. Ein gewisser Einfluß läßt sich indessen nachweisen, weil die Lähmungszeiten signifikant kürzer werden, wenn kurz vor einem Ischämieversuch Milchsäure injiziert wird in einer solchen Dosis, daß das p_H der Gehirnrinde etwa um 0,1 absinkt (Abb. 6). Da l-(+)-Milchsäure, d-(—)-Milchsäure und Propionsäure dieselbe Wirkung haben, Natriumlactat aber selbst in größeren Dosen unwirksam ist, handelt es sich um einen reinen p_H-Effekt und nicht um eine spezifische Milchsäurewirkung, wie etwa Hemmung der Glykolyse durch die Milchsäure selbst[69a].

Die zeitweilige Erholung eines anoxisch gelähmten Nerven durch Umspülung mit sauerstoff- und glucosefreier Ringerlösung[2] mag mit

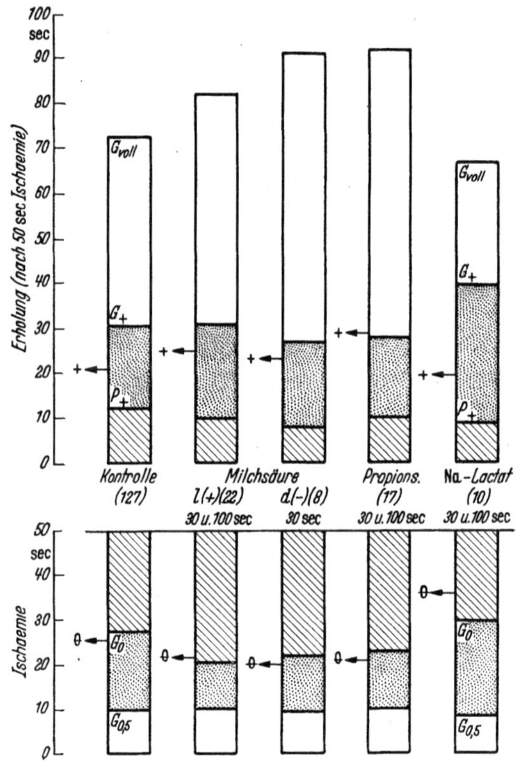

Abb. 6. *Wirkung von Milchsäure, Propionsäure und Na-Lactat auf die Lähmungs- und Erholungszeiten bei Ischämie des Gehirns nicht narkotisierter Kaninchen* (Dauer 50 sec). Nach vorheriger Gabe von Milchsäure und Propionsäure: früherer Eintritt der Lähmung und zumeist verspätete Erholung. Na-Lactat: ohne Einfluß. Auch Glucosegabe vor dem Versuch hat keinen Einfluß. — $G_{0,5}$ = Grundrhythmus im EEG auf 50% der Norm abgesunken. G_0 = Grundrhythmus verschwunden. — Erholungszeit: P_+ = Wiederkehr der ersten Potentiale cerebralen Ursprungs. $G+$ = Grundrhythmus kehrt wieder. G_{voll} = Grundrhythmus in voller Höhe. Pfeil mit θ = Cornealreflex verschwunden. Pfeil mit + = Reflex kehrt wieder. Anzahl der Versuche in Klammern. Zeitangaben in der Beschriftung: Injektionsbeginn vor Anfang der Ischämie (i.v.). Dosis: jeweils 10 ml m/3-Lösung p_H bei den Säuren um 2,0, Lactat 7—7,4.

durch diesen p_H-Effekt hervorgerufen sein: „Spüleffekt" von NOELL und SCHNEIDER.

3. *Irreparable Schädigung.* In der 3. Minute ist praktisch die gesamte freie Glucose aus dem Hirngewebe verschwunden. Zur

gleichen Zeit treten die ersten Todesfälle unter den Ganglienzellen der Gehirnrinde ein. Es handelt sich kaum um ein zufälliges Zusammentreffen, zumal an einer ganzen Anzahl von Gewebsarten unter Anaerobiose in vitro sehr rasch Schädigungen des Stoffwechsels eintreten (besonders der Glykolysierfähigkeit) und Strukturschäden sich entwickeln, wenn keine Glucose zugegen ist[(c)]. Es ist schon erwähnt worden, daß diese Schäden sich besonders rasch an Gehirngewebe nachweisen lassen[19, 58].

Etwa 1 min vor Eintreten der ersten, histologisch nachweisbaren Schäden beginnt in situ die 2. lineare Phase der Milchsäurebildung, deren Substrat anscheinend das Glykogen ist. Die theoretische Ausbeute an freier Energie beträgt jetzt nur noch knapp ein Zehntel des normalen Energieumsatzes (Tab. 8). Somit kann das Gehirnglykogen (oder sonstige Substrate der 2. linearen Glykolysierphase) nur sehr bedingt zu den Reserven gerechnet werden, welche zur Strukturerhaltung unter Ischämie beitragen. Vielleicht liegt hier mit eine Erklärung für die geringe Strukturstabilität des ZNS, und für die Tatsache, daß das Gehirn als ganzes nach mehr als 12 min Ischämie nicht einmal mehr vorübergehend wiederbelebt werden kann, während bekanntlich das Herz, das „ultimum moriens" A. v. HALLERs, noch 24 Std. nach dem Tode zum Schlagen gebracht werden kann.

4. Frage des Strukturumsatzes. Die Größe des Energieumsatzes, welche zur reversiblen Erhaltung der Struktur und damit auch der Erholungsfähigkeit erforderlich ist, kann betrachtet werden als thermodynamisches Maß für die Differenziertheit der Struktur. Auf Grund der sehr kurzen Wiederbelebungszeiten zentralnervöser Strukturen ist zu vermuten, daß der Strukturumsatz im Gehirn besonders hoch ist[(c)].

Mit dem anzunehmenden hohen Strukturumsatz mag zusammenhängen, daß die Peptidaseaktivität des Gehirngewebes hoch ist und der der Leber gleichkommen soll[95] und daß diese Aktivität in verschiedenen Teilen des Gehirns etwa parallel zu deren Vulnerabilität geht[74].

Auf der anderen Seite ist bekannt, daß der Einbau markierter, auf dem Blutwege angebotener Substanzen im Gehirn außerordentlich langsam erfolgt, so z. B. der Einbau von P^{32} in die Phosphatide des Gehirns[10, 81, 90] und in andere Phosphorfraktionen des Gehirns[81] oder der Einbau von C^{14}-markiertem Glykokoll und Tyrosin in die Gehirnproteine[32, 94] oder die Aufnahme von markiertem Acetat[3a].

Hieraus lassen sich indessen keinerlei Schlüsse auf den intracellulären Strukturumsatz ableiten; denn es wird mit dieser Technik nur der Austausch zwischen Blut und Gewebe erfaßt, welcher durch die Blut-Liquorschranke in besonderem Maße verzögert wird: bei Umgehung dieser Schranke, z. B. durch Verabfolgung von markiertem Phosphat in den subarachnoidalen Raum, zeigt sich eine viel höhere Austauschrate für P^{32}, welche möglicherweise sogar diejenige der Leber übertrifft[55]. Diese Einschränkung gilt wahrscheinlich für andere Organe auch. Somit sind alle quantitativen Ansätze, in denen aus der Austauschrate zwischen Blut und Gewebe auf die Höhe des Strukturumsatzes geschlossen wird[84], bestenfalls als Annäherung aufzufassen. Für das Gehirn wären sie sicher fehlerhaft.

Zusammenfassend können für die Kürze der Wiederbelebungszeit zentralnervöser Strukturen etwa die folgenden Faktoren verantwortlich gemacht werden:

1. Geringer Vorrat an energieliefernden Substanzen. Hierbei wirkt sich erschwerend aus a) die Steigerung des Energiebedarfes über die Norm zu Beginn der Ischämie durch die Krämpfe; b) die geringe Spaltungsgeschwindigkeit des Glykogens in den späteren Stadien der Ischämie, deren Energieausbeute den Strukturbedarf nicht zu decken vermag.

2. Der Energiebedarf zur Erhaltung der Struktur ist wahrscheinlich hoch. Für einen hohen Strukturumsatz spricht a) die hohe Vulnerabilität des Gehirns; b) die verhältnismäßig hohe Aktivität der Proteasen[74, 95]; c) evtl. auch die hohe Aktivität der Ribonuclease[76] und der Phosphorpyridin-Nuclease[60a, 89].

Literatur.

Zusammenfassende Arbeiten:

(a) GERARD, R. W.: Brain metabolism and circulation. Proc. Assoc. Res. Nerv. Ment. Dis. **18**, 316 (1938).

(b) HIMWICH, H. E.: Brain metabolism and cerebral disorders. Williams and Wilkins, Baltimore 1951.

(c) OPITZ, E., u. M. SCHNEIDER: Erg. Physiol. **46**, 126 (1950).

(d) SCHMIDT, C. F.: Pflügers Arch. **251**, 571 (1949).

(e) SCHOLANDER, P. F.: Scientific Results of marine Biol. Res. **22**, 1 (1940).

(f) WARBURG, O.: Über den Stoffwechsel der Tumoren. Berlin: Springer 1926.

(g) BÜCHNER, F.: Allgemeine Pathologie. Bes. pp. 117—154; 175—191; 283—290. München und Berlin: Urban & Schwarzenberg 1950.

[1] Altmann, H. W., u. H. Schubothe: Beitr. path. Anat. **107**, 3 (1942).
[2] Aykut, R., et H. Winterstein: Arch. internat. Pharmacodynamie **81**, 99 (1950).
[3] Bain, J. A, and J. R. Klein: Amer. J. Physiol. **158**, 478 (1949).
[3a] Beeckmans, M. L., H. Casier et G. Hevesy: Arch. internat. Pharmacodynamie **86**, 33 (1950).
[4] Björk, V. O.: Acta chir. scand. (Stockh.) Suppl. **96**, 137 (1948).
[5] Brattgård, S. O., u. H. Hydén: Acta radiol. (Stockh.) Suppl. **94** (1952).
[6] Bredow, W., u. W. Thorn: Biochem. Z. **321**, 357 (1951).
[7] Bronk, D. W., M. G. Larrabee and P. W. Davies: Federat. Proc. **5**, 11 (1945).
[8] Büchner, F.: Luftfahrtmed. **6**, 281 (1942). — Klin. Wschr. **1942**, 721. — Zbl. Path. **83**, 20 (1947).
[9] Büchner, F.: (Persönl. Mitt.), erscheint in Handbuch für allgemeine Pathologie. Springer-Verlag.
[9a] Chang, J.: Quart. J. Exper. Physiol. **28**, 3 (1938).
[10] Chaikoff, J. L., and D. B. Zilversmit: Adv. Biol. a. Med. Physics **1**, 321 (1948).
[11] Chesler, A., and H. E. Himwich: Amer. J. Physiol. **141**, 513 (1944).
[12] Clark, J. K., and H. G. Barker: Federat. Proc. 8, 26 (1949).
[13] Craigie, E. H.: J. Comp. Neur. **31**, 429 (1919/20); **33**, 193 (1921). — Proc. Assoc. Nerv. Res. Ment. Dis. **18**, 3 (1938).
[14] Craigie, E. H: J. Comp. Neur. **38**, 27 (1924).
[15] Davies, P. W., and A. Remond: Proc. Assoc. Res. Nerv. Ment. Dis. **26**, 205 (1947).
[16] Davis E. W., W. S. McCulloch and E. Roseman: Amer. J. Psychiatr. **100**, 825 (1944).
[17] Dawson, R. M. C., and D. Richter: Amer. J. Physiol. **160**, 203 (1950).
[18] Deuticke, H. J.: Dr.-Diss. von Gensichen u. Hövels, Göttingen 1944.
[18a] Dickens, F.: Biochemic. J. **30**, 1233 (1936).
[19] Dickens, F., and G. D. Greville: Biochemic. J. **27**, 1134 (1933).
[20] Dixon, T. F., and A. Meyer: Biochemic. J. **30**, 1577 (1936).
[21] Drenckhahn, F. O.: Pflügers Arch. **253**, 366 (1951).
[22] Dunning, H. S., and H. G. Wolff: J. Comp. Neur. **67**, 433 (1937).
[23] Elliott, K. A. C., and N. Henderson: J. of Neurophysiol. **11**, 473 (1948).
[24] Elliott, K. A. C., and M. Henry: J. of Biol. Chem. **163**, 351 (1946).
[25] Fazekas, J. F., and H. E. Himwich: Amer. J. Physiol. **139**, 366 (1943).
[26] Fuhrman, F. A. G., L. Fuhrman and J. Field jun.: Amer. J. Physiol. **144**, 87 (1945); **163**, 642 (1950).
[26a] Furchtgott, R. F., and E. Schorr: Amer. J. Physiol. **162**, 88 (1950).
[27] Geiger, A., and J. Magnes: Amer. J. Physiol. **149**, 517 (1947).
[28] Geiger, A., J. Magnes, R. M. Taylor and H. Waelsch: Federat. Proc. 8, 54 (1949).
[29] Gerard, R. W., u. R. D. Tschirgi: Bull. fac. Med. Istanbul **12**, 131 (1949). — Ber. Physiol. **146**, 76 (1951).
[30] Gibbs, E.-L., W.-G. Lennox, L. F. Nims and F. A. Gibbs: J. of Biol. Chem. **144**, 325 (1942).

[30a] GIBBS, F. A., H. MAXWELL and E. L. GIBBS: Arch. of Neur. **57**, 137 (1947).
[31] GRANDE, F.: Riv. clin. españ. **34**, 1 (1950).
[32] GREENBERG, D. M., and TH. WINNICK: J. of Biol. Chem. **173**, 201 (1948).
[33] HIMWICH, H. E., K. M. BOWMAN, C. DALY, J. F. FAZEKAS, J. WORTIS and W. GOLDFARB: Amer. J. Physiol. **132**, 640 (1941).
[34] HIMWICH, H. E., and J. F. FAZEKAS: Amer. J. Physiol **132**, 454 (1941).
[35] HIMWICH, H. E., J. P. FROSTIG, J. F. FAZEKAS and Z. HADIDIAN: Amer. J. Psychiatr. **96**, 371 (1939).
[36] HIMWICH, W. A., and H. E. HIMWICH: J. of Neurophysiol. **9**, 133 (1946).
[37] HIMWICH, W. A., E. HOMBURGER, R. MARESKA and H. E. HIMWICH: Amer. J. Psychiatr. **103**, 689 (1947).
[38] HOLZLÖHNER, E., u. H. J. TRURNIT: Z. Biol. **83**, 163 (1937).
[39] HOMBURGER, E., W. A. HIMWICH, B. ETSTEN, G. YORK and R. MARESKA: Amer. J. Physiol. **147**, 343 (1946).
[40] IRVING, L.: J. Comp. Cellul. Physiol. **9**, 437 (1937). — J. of Biol. Chem. **142**, 431 (1942).
[41] KERR, ST. E.: J. of Biol. Chem. **110**, 625 (1935).
[42] KERR, ST. E.: J. of Biol. Chem. **145**, 647 (1942).
[43] KERR, ST. E., and A. ANTAKI: J. of Biol. Chem. **122**, 49 (1937).
[44] KERR, ST. E., and M. GHANTUS: J. of Biol. Chem. **116**, 9 (1936).
[45] KERR, ST. E., and M. GHANTUS: J. of Biol. Chem. **117**, 217 (1937).
[46] KETY, S. S., and C. F. SCHMIDT: J. Clin. Invest. **25**, 107 (1946).
[47] KETY, S. S., and C. F. SCHMIDT: J. Clin. Invest. **27**, 476 (1948).
[48] KETY, S. S., and C. F. SCHMIDT: J. Clin. Invest. **27**, 484 (1948).
[49] KETY, S. S., H. S. SHENKIN and C. F. SCHMIDT: J. Clin. Invest. **27**, 599 (1948)
[50] KETY, S. S., B. D. POLIS, C. S. NADLER and C. F. SCHMIDT: J. Clin. Invest. **27**, 500 (1948).
[51] KETY, S. S., R. B. WOODFORD, M. H. HARMEL, F. A. FREYHAN, K. E. APPEL and C. F. SCHMIDT: Amer. J. Psychiatr. **104**, 765 (1948).
[52] KETY, S. S., R., MANSOLD, L. SOKOLOFF, P. O. THERMAN, E. H. CONNER, J. I. KLEINERMAN and S. S. KETY: Federat. Proc. **10**, 89 (1951).
[52a] KLEIN, J. R., and N. S. OLSON: J. of Biol. Chem. **167**, 747 (1947).
[53] KREBS, H. A.: Biochem. et Biophysica Acta **4**, 249 (1950).
[54] KREUZER, F.: Helvet. physiol. Acta **9**, 388 (1951).
[55] LINDBERG, O., and L. ERNSTER: Biochemic. J. **46**, 43 (1950).
[56] LOEBEL, R. O.: Biochem. Z. **161**, 219 (1925).
[57] LOHMANN, K., u. A. KOSSEL: In D'ANS-LAX, Taschenbuch f. Chemiker u. Physiker, S. 1738. Berlin-Göttingen-Heidelberg: Springer-Verlag 1949.
[58] MACFARLANE, M. G., and H. WEIL-MALHERBE: Biochemic. J. **35**, 1 (1941).
[59] MADDOCK, S., J. W. HAWKINS and E. HOLMES: Amer. J. Physiol. **125**, 555 (1939).
[59a] MARGARIA, R., and H. T. EDWARDS: Amer. J. Physiol. **108**, 341 (1934).
[60] MATTHES, K.: Pflügers Arch. **246**, 70 (1942).
[60a] MCILWAIN, H.: Biochemic. J. **46**, 612 (1950).
[60b] MCILWAIN, H. et al.: Biochemic. J. **48**, 12 (1951).
[61] MERCKER, H. u. M. SCHNEIDER: Pflügers Arch. **251**, 117 (1949).
[62] MEYERHOF, O., u. K. LOHMANN: Biochem. Z. **171**, 421 (1926).

[62a] MEYERHOF, O., and N. GELIAZKOWA: Arch. of Biochem. **12**, 405 (1947);— MEYERHOF, O., and J. R. WILSON: Arch. of Biochem. **14**, 71 (1947).
[63] MICHAELIS, M. and J. H. QUASTEL: Biochemic. J. **35**, 518 (1941).
[64] NOELL, W.: Arch. f. Psychiatr. **180**, 687 (1948).
[64a] NOELL, W.: Pflügers Arch. **247**, 528, 553 (1944).
[64b] NOELL, W., u. M. SCHNEIDER: Pflügers Arch. **246**, 207 (1942); **250**, 514 (1944).
[65] NOELL, W., u. M. SCHNEIDER: Pflügers Arch. **250**, 35 (1948).
[66] NOELL, W., and H. J. CHINN: Amer. J. Physiol. **161**, 573 (1949).
[67] OPITZ, E.: Naturwiss. **35**, 80 (1948).
[68] OPITZ, E.: Pflügers Arch. **254**, 549 (1952).
[69] OPITZ, E. u. U. C. LORENZEN: Pflügers Arch. **253**, 412 (1951).
[69a] OPITZ, E., u. Mitarb.: Noch nicht publiziert.
[70] OPITZ, E., u. J. SAATHOFF: Pflügers Arch. (1952) (im Druck).
[71] OPITZ, E., u. W. SCHÜMANN: Pflügers Arch. **253**, 459 (1951).
[73] OPITZ, E., u. W. THORN: Pflügers Arch. **251**, 369 (1949).
[74] POPE, A., and CHR. B. ANFINSEN: J. of Biol. Chem. **173**, 305 (1948).
[75] RANDALL, L. D.: J. of Biol. Chem. **124**, 481 (1938).
[76] REIS, J.: Enzymologia **2**, 110, 183 (1937).
[77] RICHTER, D., and J. CROSSLAND: Amer. J. Physiol. **159**, 247 (1949).
[78] ROSE, M.: In Handbuch der Neurologie von O. BUMKE u. O. FOERSTER, Bd. **1**, S. 541 (1935).
[79] ROUGHTON, F. J. W.: Proc. roy. Soc. Lond. (B) **111**, 1 (1932).
[80] SAATHOFF, J., u. E. OPITZ: Pflügers Arch. (1952) (im Druck).
[81] SAMUELS, A. J.: Federat. Proc. **8**, 137 (1949).
[82] SCHARRER, E.: J. Comp. Neur. **83**, 237 (1945).
[83] SCHMIDT, C. F., S. S. KETY and H. H. PENNES: Amer. J. Physiol. **143**, 33 (1945).
[84] SCHULZ, G. V.: Naturwiss. **37**, 196, 223 (1950). — Z. Elektrochem. **55**, 569 (1951).
[84a] SCHUMANN, H.: Z. exper. Med. **106**, 59 (1939). — Erg. inn. Med. **62**, 869 (1942).
[84b] SUGAR, O., and R. W. GERARD: J. of Neurophysiol. **1**, 558 (1938).
[85] THORN, W.: Biochem. Z. **321**, 361 (1951).
[85a] THORN, W., u. R. HEITMANN: Noch nicht publiziert.
[86] THORN, W., u. H. A. RASZKOWSKI: Biochem. Z. **323**, 21 (1952).
[87] TSCHIRGI, R. D., R. W. GERARD et al.: Federat. Proc. **8**, 166 (1949).
[88] TYLER, D. B., and A. VAN HARREVELD: Amer. J. Physiol. **136**, 600 (1942).
[89] UTTER, M. F., H. G. WOOD and J. M. REINER: J. of Biol. Chem. **161**, 197 (1947).
[90] VENNESLAND, B.: Adv. Biol. a. Med. Physics **1**, 45 (1948).
[91] WARBURG, O., K. POSENER u. E. NEGELEIN: Biochem. Z. **152**, 309 (1924).
[92] WEIL-MALHERBE, H.: J. ment. Sci. **95**, 930 (1949).
[93] VON WERTZ, R., u. R. R. REITER: Luftfahrtmed. **5**, 32 (1941).
[94] WINNICK, TH., F. FRIEDBERG and D. M. GREENBERG: J. of Biol. Chem. **173**, 189 (1948).
[95] ZELLER, E. A.: Helvet. physiol. Acta **3**, C 47 (1945).

Diskussion.

WEIL-MALHERBE: Ich selber habe dieses Gebiet bisher immer als etwas trocken betrachtet, aber ich muß sagen, der Vortrag von Herrn Prof. OPITZ hat mich fasziniert von Anfang bis Ende. Da dies das erste, wahrscheinlich auch das letztemal ist, daß mir die Ehre zuteil wird, den Vorsitz bei einer derartigen Diskussion zu führen, will ich von dem Privileg des Vorsitzenden Gebrauch machen und die Diskussion selber eröffnen. Verschiedene Punkte, die Herr OPITZ erwähnt hat, sind sehr interessant. Herr OPITZ hat eine etwas abfällige Bemerkung über die in-vitro-Forscher gemacht, aber, wie er schon darauf hingewiesen hat, ist die Übereinstimmung zwischen in-vitro- und in-vivo-Befunden, was den Sauerstoffverbrauch anbelangt, sehr gut. Ich möchte jetzt darauf hinweisen, daß sie auch sehr gut ist, was die Milchsäurebildung anbelangt. Während des Glykolysemaximums, der 2. Phase in situ, beträgt Q_M 60. Das ist auch der Wert der Milchsäurebildung, den man im Wasserhomogenat findet, das durch Cofaktoren verstärkt ist. Aber, und das ist wenig bekannt, schon vor 17 Jahren haben MACFARLANE und ich gezeigt, daß Gehirnschnitte in Stickstoff während der ersten drei Minuten einen Q-Wert von 51 haben; erst später fällt dieser auf 20 oder 15 ab. Das ist dadurch bedingt, daß das ATP zerstört ist. Das bringt mich zum zweiten Punkt: Die Tatsache, daß das Phosphokreatin abnimmt, bevor das ATP abnimmt. Ich glaube nicht, daß man daraus zu schließen braucht, daß das Phosphokreatin näher an der Funktion steht als das ATP. Das Kreatin hat ein höheres Potential und füllt das ATP-Reservoir auf. Und erst wenn das Phosphokreatinreservoir entleert ist, beginnt das ATP-Reservoir sich zu entleeren.

Herr OPITZ hat Versuche in der Hypoglykämie erwähnt. Es wurde gefunden, daß weder Milchsäure, noch Brenztraubensäure noch Alkohol imstande sind, Patienten im hypoglykämischen Schock wieder zu beleben oder zum Bewußtsein zu bringen. Nun kann man das mit einer ziemlich kleinen Menge Glutaminsäure erreichen. Wir haben in letzter Zeit gefunden, daß man das auch mit Arginin erreichen kann. MAYER-GROSS hat gezeigt, daß auch Glykokoll und p-Aminobenzoesäure diese Wirkung hat; schließlich haben wir gesehen, daß man in wenigen Fällen auch mit Bernsteinsäure eine Erholung erzielen kann. In allen diesen Fällen fanden wir, daß der Wiederbelebung, der Wiederherstellung des Bewußtseins, ein Anstieg des Adrenalins im Blut vorausgeht. Und zwar fanden wir, daß eine statistische Korrelation besteht zwischen dem Anstieg des Adrenalins und der Wirkung dieser Substanzen. Wir nehmen daher an, daß die Wirkung der Glutaminsäure beim hypoglykämischen Koma über das Nebennierenmark geht.

So viel ich weiß, wurden Temperaturmessungen in der Gehirnrinde angestellt und dabei hat man gefunden, daß im Zustand der Erregung eine Temperaturerhöhung gefunden wird. Nun würde es mich interessieren, ob man hier einen quantitativen Zusammenhang mit dem Sauerstoffverbrauch findet.

OPITZ: Ich möchte zunächst auf die letzte Frage eingehen. Es ist mir nicht bekannt, daß man die Wärmebildung, wenigstens in situ, quantitativ auswerten kann, weil ja durch den Blutstrom ein Teil der gebildeten Calorien abgeführt wird. Wir haben in vivo solche Messungen bisher nur aus methodischen Gründen und nach Dekapitation gemacht (THORN). Aber auch bei Unterbrechung der arteriellen Blutzufuhr muß man vorsichtig sein. Man sieht nämlich an der Retina, daß bis zum Stillstand des Blutstromes in den kleinen Gefäßen annähernd 2 min vergehen. Das ist auch der Fall, wie WEINBERGER, GIBBON und GIBBON gezeigt haben, wenn man die Art. pulmonalis abklemmt, also auf einem anderen Wege jede Möglichkeit einer arteriellen Blutzufuhr ausschließt. Wir haben uns solche calorischen Messungen vorgenommen, aber ich fürchte, daß quantitative Rückschlüsse auf den Energieumsatz nicht leicht zu ziehen sein werden.

Nun möchte ich mich bei Ihnen entschuldigen: Ich habe leider in der Eile des Vortrages vergessen, die außerordentlich hohen, in vitro gemessenen anaeroben Glykolyse-Werte von MACFARLANE und Ihnen an Gehirnrinde zu erwähnen. Ich kann es Ihnen aber im Manuskript zeigen, daß ich mir vorgenommen hatte, Ihre Beobachtungen anzuführen. Was das Phosphokreatin anbelangt, so habe auch ich nur immer die Ansicht gehört, daß dieses als Reservoir zu betrachten sei und daß das ATP näher an der Funktion stehe. Was mich zweifeln macht ist, daß nach den offenbar zuverlässigen Analysen von KERR das Pyrophosphat noch eine verhältnismäßig hohe Konzentration im Gehirn besitzt zu einer Zeit, wo die Rinde schon außer Funktion ist. —

Welche Bedeutung hat die Beobachtung von TSCHIRGI und GERARD, daß bei Durchströmung des Rückenmarkpräparates mit Glutamat-haltiger Lösung im Perfusat Glucose und NH_3 erscheinen soll?

WEIL-MALHERBE: Ich habe mir von Herrn MCILWAIN erzählen lassen, der kürzlich bei GERARD war, daß diese Rückenmarkdurchströmungsversuche leider nicht mehr klappen. Besonders die Versuche mit Glutaminsäure konnten anscheinend nicht wiederholt werden. Außerdem wollte ich sagen: In den Versuchen von KERR wurde das ATP als solches nicht bestimmt, sondern nur das Pyrophosphat und es ist deshalb sehr gut möglich, daß das, was er bestimmt hat, tatsächlich ADP war.

OPITZ: Ja, aber das Verhältnis von Pyrophosphat zu Nucleotid ist bei Eintritt der Gehirnrindenlähmung (30 sec Ischaemie) noch ungefähr 1,5, während es im frischen Gehirn 1,98 ist. Das spräche doch dafür, daß noch beträchtliche Mengen von ATP neben ADP vorhanden sind.

WEIL-MALHERBE: Darüber kann man wohl noch nichts Endgültiges sagen.

OPITZ: Darf ich wissen, wie man sich erklären kann, daß p-Aminobenzoesäure und p-Aminosalicylsäure zur Wiederbelebung des hypoglykämischen Gehirns führen?

WEIL-MALHERBE: Wir haben diese Versuche nicht selbst ausgeführt, Aber ich halte es für gut möglich, daß das auch ein adrenergischer Effekt ist.

FELIX: Ich möchte eine Frage an Herrn WEIL-MALHERBE richten. Sie haben erzählt, daß in diesem glucosearmen Zustand außer der Glucose auch Glutaminsäure, Citronensäure, aber nicht die C_4-Dicarbonsäuren helfen können.

WEIL-MALHERBE: Ja, nach TSCHIRGI und GERARD, aber ich sagte schon, daß diese Versuche nicht mehr klappen.

FELIX: Ach so, dann stimmt das vielleicht auch nicht. In neuerer Zeit ist man doch darauf aufmerksam geworden, daß durch Anhäufung von bestimmten Stoffwechselprodukten gewisse Vorgänge im intermediären Stoffwechsel aus ihrer normalen Bahn abgelenkt werden. Also wenn z. B. Tryptophan nur eben ausreichend in der Nahrung enthalten ist und man Valin und Phenylalanin zuführt, tritt nachträglich Mangel an Tryptophan ein, da ein reguläres intermediäres Produkt des Tryptophanstoffwechsels durch die beiden andern Aminosäuren aus seiner normalen Bahn abgelenkt worden ist. Könnten nicht solche Momente hier auch eine Rolle spielen, gerade bei der Wirkung der p-Aminobenzoesäure?

WEIL-MALHERBE: Es ist möglich, aber ich halte es nicht für wahrscheinlich. Schon deshalb, weil ja alle diese Substanzen, die Glutaminsäure, die p-Aminobenzoesäure, die C_4-Dicarbonsäure ja so langsam durch die Blut-Liquorschranke hindurchgehen, daß eine direkte Wirkung am Gehirn sehr unwahrscheinlich ist. Herr OPITZ hat uns in einer sehr schönen Art und Weise den Zusammenhang der Phänomene mit der Energielieferung auseinandergesetzt. Ich glaube, daß das eine sehr wesentliche Betrachtungsweise ist, die aber zunächst einmal nur einen Rahmen absteckt. Dabei ist noch einiges andere zu bedenken, weil nämlich mit dem Rückgang der Energielieferung noch andere Phänomene verbunden sind, die erst untersucht werden müssen. Beispielsweise inwieweit synthetische Prozesse dadurch gestoppt werden, daß die nötige Energie nicht mehr zur Verfügung steht. Diesen Rückgang der Energielieferung haben wir ja letzten Endes auf eine Erschöpfung der Substrate bezogen. Aber ich glaube, man müßte auch diskutieren, inwieweit nicht auch eine Erschöpfung am Enzymsystem möglich ist. So viel ich weiß, zeichnet sich gerade das Gehirn dadurch aus, daß es besonders reichlich gesegnet ist mit Enzymen, welche die Coenzyme alterieren, d. h. sie synthetisieren oder destruieren können. Es ist durchaus denkbar, daß auch hier sehr rasch eine Erschöpfung an dem enzymatischen Apparat eintritt. Das sind Dinge, die als Grundlage für eine neue Arbeitshypothese zu berücksichtigen wären.

OPITZ: Schon gestern wies Herr WEIL-MALHERBE darauf hin, daß Coferment abbauende Enzyme im Gehirn eine hohe, vielleicht sogar außerordentliche Aktivität besitzen. UTTER, WOOD und REINER sprechen z. B. von der Phosphopyridinnuclease als dem wichtigsten Hemmstoff der aeroben Gehirnglykolyse. — Den Strukturumsatz betreffend scheint wichtig zu sein, daß das Gehirngewebe ebenfalls reich sein soll an Proteasen; ZELLER behauptet, sie seien in der grauen Substanz verschiedener Species mindestens so aktiv wie in der Leber. Mit der Methode von HOLTER und LINDERSTRÖM-LANG haben POPE und ANFINSEN die Topographie der Proteasen im ZNS untersucht. Hierzu darf ich vielleicht das Schema von G. V. SCHULZ über die „Elementarzyklen“ der Zellstruktur aufzeichnen: Die Proteine werden über einen „Kupplungsstoff“ (eine noch hypothetische Aminoacylverbindung etwa) synthetisiert, auf der anderen Seite durch Proteasen oder ähnliches wieder abgebaut. Wenn es mit der hohen Aktivität der Proteasen im Gehirn und mit dem Schema von SCHULZ seine Richtigkeit hat, so wäre das ein wesentliches Argument zugunsten eines hohen Strukturumsatzes im Gehirn. Doch kann ich diese Dinge nicht beurteilen.

WEIL-MALHERBE: Ich kann nur sagen, daß über die Proteasen im Gehirn sehr wenig bekannt ist.

M. SCHNEIDER (Köln): Im Anschluß an die Ausführungen von OPITZ zum Strukturumsatz des Gehirns, also zu jenem Umsatz, der ausreicht, die Struktur, nicht aber die Tätigkeit des Gehirns aufrechtzuerhalten, möchte ich über einige Versuche zur Messung dieses Strukturumsatzes berichten: Es wurde der völlig isolierte Katzenkopf von einem Spendertier durch Carotisanastomose durchströmt, dann jeweils durch Abklemmung der Anastomose für bestimmte Zeiten Überlebenszeit und Erholungslatenz mit Hilfe des EEG gemessen. Klemmt man z. B. für 60 sec ab, dann verschwinden die Spontanschwankungen der Großhirnrinde nach 17 sec und treten 19 sec nach Wiederfreigabe der Durchströmung wieder auf. Nach weiteren 3 min ist das EEG wieder normalisiert. Drosselt man nun den Blutstrom nicht völlig, sondern auf $^1/_5$ der Norm, dann ist die Überlebenszeit nur einige wenige Sekunden verlängert, die Gehirnfunktion wird ebenfalls gelähmt, aber die Erholungslatenz wird erheblich verkürzt, z. B. von 19 auf 4 sec. Es ist damit die Wiederbelebungszeit des Gehirns erheblich gesteigert worden. Man kann bei dieser niedrigen Durchströmung ein Gehirn über viele Minuten gelähmt halten und es nachher wieder völlig wiederbeleben. Drosselt man weiter den Blutstrom auf $^1/_{10}$ der Norm, dann sind die Zeiten praktisch gleich wie bei kompletter Ischämie. Zu exakten Angaben über die Höhe des Strukturumsatzes kann man aber mit dieser Methode nicht gelangen, weil bei Ischämie und damit Dilatation der Gehirngefäße die basalen Anteile des Gehirns relativ besser durchblutet sind als die Rinde, so wie bei Bewässerungswiesen dann, wenn der Kanal zu wenig Wasser führt, die letzten Wiesen schlechter gestellt sind als die ersten. Bis jetzt können wir sagen, daß der Strukturumsatz des Gehirns unter $^1/_5$ des Normalumsatzes (der ein Tätigkeitsumsatz ist) liegt, wahrscheinlich bei etwa $^1/_{10}$.

Zu genaueren Angaben hoffen wir durch Versuche mit Abkühlung des Gehirns zu kommen. Damit gelingt es ebenfalls, das Gehirn in eine Art Winterschlaf zu bringen, aus dem es bei Wiedererhöhung der Temperatur wiederbelebbar ist. Bis zu einer Temperatur von 29—31° nimmt die Erholungslatenz bei kompletter Ischämie ab, um dann wieder anzusteigen. Es findet sich also ein ausgesprochenes Optimum. Wahrscheinlich spielt hierbei die Verschiebung der Dissoziationskurve des Hb eine entscheidende Rolle. Die Abkühlung des zur Durchströmung verwandten Blutes erscheint als die bisher beste Methode, um die Wiederbelebungszeit des Gehirns bei einem künstlichen Gehirnkreislauf zu verlängern.

Kurz noch einige Worte zur Spülfunktion des Blutes, die es neben der Atem- und Nährfunktion zu erfüllen hat. WINTERSTEIN hat kürzlich gezeigt, daß der periphere Nerv mit seinem niedrigen Umsatz viel länger überlebt, wenn er in Anaerobiose mit sauerstofffreier Ringerlösung bespült wird. Wir verglichen eine komplette Unterbrechung der Durchströmung des isolierten Katzenkopfes mit einer Durchströmung mit Dextran- oder

Peristonlösung für gleiche Zeiten. Bei Spülung ohne O_2- und Nährstoffzufuhr wird die Erholungslatenz bei Wiederdurchströmung mit Blut zwar signifikant verkürzt, aber gleichzeitig ist auch die reaktive Hyperämie größer als nach kompletter Ischämie. Man wird bis jetzt nur aussagen dürfen, daß die Spülfunktion des Blutes am Gehirn mit seinem hohen Umsatz sehr viel geringer ist als am Nerven und weit zurücktritt gegenüber der Atem- und Nährfunktion. (GÄNSHIRT, KRENKEL, SCHNEIDER und ZYLKA, erscheint in Pflügers Arch.)

LANG: Wir sprechen hier von dem Strukturstoffwechsel; ich glaube, das ist ein Begriff, der bisher sehr schlecht definiert ist und es ist ganz nützlich, auch mal zu diskutieren, ob man ihn nicht noch etwas weiter vorwärts treiben kann. Zunächst stellt der Strukturstoffwechsel eine summarische Größe dar, welche erst einmal die ganze Zelle als solche betrifft. Aber wir wissen ja heute schon etwas mehr über die funktionelle Bedeutung der einzelnen Strukturen der Zelle. Und da die ganze Sache doch mit der Energielieferung zusammenhängt, ist wohl anzunehmen, daß vielleicht diese Strukturstörung ursprünglich an den Mitochondrien angreift. Es wäre sicherlich nützlich, einmal zu untersuchen, ob die Mitochondrien des Gehirns verletzlicher sind als die anderer Zellen.

OPITZ: Für das Gehirn sind mir vorläufig genauere Untersuchungen über diesen Punkt nicht bekannt. Wohl aber hat ALTMANN bei BÜCHNER m. W. festgestellt, daß an der Leber die ersten irreparablen Schäden eben gerade die Mitochondrien betreffen. Wie denn übrigens auch von FUHRMANN sowie WILHELMI und von anderen gefunden worden ist, daß die an die Mitochondrien gebundene Atmung von Gehirnschnitten in vitro erniedrigt ist, wenn die Tiere vor Herstellung der Schnitte schwerem Sauerstoffmangel ausgesetzt werden. Eine solche Atmungsschädigung wurde übrigens vorher schon von DEUTICKE nachgewiesen, vor allem auch am Cortex cerebelli. Auch dies wäre ein Hinweis zu der Frage von Herrn LANG bezüglich der Vulnerabilität der Mitochondrien. Übrigens hat DEUTICKE als erster und, so viel ich weiß, als einziger gezeigt, daß diese Schädigung des Atmungsvermögens reversibel ist: sie ist nicht mehr vorhanden, wenn die Tiere sich einige Stunden nach dem Mangel erholt haben.

DIRSCHERL: Als Vertreter eines „in-vitro-teams“ möchte ich auch eine Lanze für die Versuche mit Gewebeschnitten einlegen. Sicher sind die Verhältnisse hier nicht mehr ganz physiologisch. Aber wenn man völlig physiologisch arbeiten will, darf man eigentlich überhaupt keine Versuche mehr machen. — Wir sind seit längerer Zeit mit Glykolysefragen beschäftigt, Herr Dr. BERGMEYER besonders mit der Kinetik. Er hat ein Verfahren der kinetischen Analyse entwickelt, mit dem eine Änderung der Reaktionsordnung während des Glykolyseverlaufs nachgewiesen werden konnte. Das gilt aber nur, wenn man die Glykolyse manometrisch verfolgt, d. h. eine unspezifische Methode anwendet, bei der die Milchsäure nicht als solche bestimmt wird, sondern das durch Säurebildung aus Bicarbonat ausgetriebene CO_2. Die Reaktionskinetik bleibt aber einheitlich, wenn man die

Milchsäure spezifisch bestimmt, wie wir das seit Jahren zu tun pflegen, indem sie zu Acetaldehyd oxydiert und dieser polarographiert wird.

Von großer Wichtigkeit ist nun die Bedeutung des Zeitfaktors für die Ermittlung des Q_M. Dieser bezieht sich ja auf die in einer Stunde gebildete Milchsäuremenge und es ist klar, daß bei gekrümmtem Kurvenverlauf der Wert um so niedriger werden wird, je später und je länger man mißt. Extrapoliert man auf den Beginn der Glykolyse und legt die Tangente an, so kommt man z. B. bei der Leber der Maus auf $Q_M^{N_2}$-Werte von etwa 20, während man üblicherweise etwa 1—5 findet.

Martius (Tübingen): Ich bitte, nur noch ganz kurz etwas bemerken zu dürfen zu der sehr aufregenden Behauptung von Herrn Opitz, daß im Gehirn das Kreatinphosphat der Funktion vielleicht näher stehe als das ATP. Das ATP sinkt bis zum Eintritt der Lähmungen auf etwa 70% seiner normalen Konzentration und zu Beginn des irreparablen Stadiums auf 40% der Norm. Nun sind die Vorgänge, welche energiereiches Phosphat erfordern, ja z. T. irreversibel, wie die Hexokinasereaktion, z. T. aber reversibel. Und bei den reversiblen Reaktionen spielt gerade die Konzentration eine Rolle. Es könnte also möglich sein, daß, wenn die Konzentration unter eine bestimmte Grenze sinkt, ATP aber noch vorhanden ist, die Lage des Gleichgewichtes so verschoben wird, daß die Beziehung zur Funktion nicht mehr gewährleistet ist. Man ist sonach nicht gezwungen zu der Annahme, daß das Kreatinphosphat der Funktion näher steht als das ATP.

Deuticke (Göttingen): Ich möchte noch ganz kurz auf die letzte Bemerkung von Herrn Opitz hinweisen. Er sagte, daß gewisse Änderungen im Sauerstoffkonsum des durch Sauerstoffmangel geschädigten Gehirns von uns festgestellt worden sind. Herr Opitz hat ja die Vulnerabilität des Gehirns sehr herausgestellt. In unseren Versuchen mit Sauerstoffmangel des ganzen Tieres haben wir nun allerdings immer gefunden, daß noch vulnerabler die Leber ist, allerdings in anschließenden in-vitro-Versuchen. Zuerst also ist die Leber in ihrem Atmungsvermögen geschädigt, während das Gehirn noch keine Veränderung erkennen läßt. Und erst sekundär wird auch das Gehirn betroffen. Ich wollte nur darauf hinweisen, daß hier Zusammenhänge bestehen könnten, die vielleicht im nächsten Vortrag von einer anderen Seite her erörtert werden.

Spatz: Ich möchte nichts sagen zu dem Bild von den unterschiedlichen anatomischen Schädigungstypen im Gehirn, das leider nur kurz zu sehen war, sondern nur hinweisen auf die Dichte der Capillarisierung in den verschiedenen Gehirnteilen. Verfolgen wir den Verlauf der Arteria striolenticularis, so sehen wir, daß die Dichte des Capillarnetzes in den von den Ästen der Arterie versorgten Arealen von unten nach oben zunimmt: Die ersten Äste versorgen das Mark; das hat ohne Frage die geringste Capillardichte. Es folgen Pallidum, Striatum und Rinde mit immer weiter zunehmender Capillarisierung. Man kann dabei kaum sagen, daß das eine Areal „gut", das andere „schlecht" versorgt sei, sondern die Versorgung ist sicherlich in jedem Falle äquivalent dem Bedürfnis der einzelnen Teile. Die Zelldichte betreffend finden wir im Mark gar keine Zellen, im Pallidum finden wir vereinzelte große Zellen und dazwischen sehr viele durchgehende markhaltige Fasern, daher die helle Farbe und der Name Pallidum. Im Striatum befinden sich dichtstehende große und kleine Zellen. Aber es war ganz richtig, daß Sie sagten, die Zelldichte mache die Dichte der Capillaren nicht allein aus. Das sieht man an der Rinde. Hier muß ich unterscheiden zwischen einem primitiven und einem entwickelten Zustand, sowohl in ontogenetischer wie in phylogenetischer Hinsicht. Nehmen wir den einfacheren Fall der ontogenetischen Entwicklung, so sieht man, daß die im embryonalen Zustand zunächst noch dicht stehenden Zellen während des extrauterinen Wachstums immer weiter auseinanderrücken. Zwischen den Zellen befinden sich feine Nervenfasern, welche Sie nach Apathy und Bethe „Neuropil" genannt haben. Es handelt sich indessen nicht, wie Bethe angenommen hatte, um einen Gewebsteil für sich. Denn wenn man die Golgi-Methode anwendet, so erkennt man, daß das nichtteilungsfähige Neuron weiterwächst. Es wächst nicht nur der Neurit in die Länge, sondern es wachsen auch die Dendriten, die sich wie Baumkronen verästeln. Insgesamt also vergrößert sich das Neuron und seine Oberfläche. So wird es begreiflich, daß die Dichte der Vascularisierung zunimmt.

Nun ein Wort noch über unsere Methode zur Unterbrechung der Durchblutung: Unterbindet man beim Hund beide Carotiden und die Vertebrales, so gibt es eine Art von Alles-oder-nichts-Gesetz: Entweder sind die Tiere gleich tot, und wir finden wegen der Kürze der Zeit keine Nekrosen, oder sie leben munter fort und wir finden später keine Herde im Gehirn. Herr Becker hat deshalb die Carotiden mit flüssigem Paraffin injiziert; dadurch werden die Gefäße, welche die Hemisphären ernähren, blockiert. Die Hemisphären werden völlig eingeschmolzen und die Stammganglien bleiben erhalten. Dies ist eine praktisch unblutige Methode, welche für viele Zwecke empfohlen werden kann.

Opitz: Ich darf für die vielerlei Einwendungen und Anregungen danken. Die Beobachtungen von Herrn Deuticke beweisen m. E. nicht eine höhere Vulnerabilität der Leber im Vergleich zum Gehirn. Denn die Sonderstellung des Gehirns in regulatorischer Hinsicht hat zur Folge, daß bei allgemeinem Sauerstoffmangel die Versorgung des Gehirns bis zuletzt auf Kosten anderer Organe aufrecht erhalten wird, wie ich es vorhin am Beispiel der Tauchtiere geschildert habe. Bei der Leber muß noch besonders berücksichtigt werden, daß sie schon unter physiologischen Bedingungen zum größten Teil mit sauerstoffarmem Blut aus der Vena portae versorgt wird. Bei allgemeiner Hypoxie tritt also eine schwere Anoxie zuletzt im Gehirn, zuerst vielleicht in der Leber ein. Nur wenn man das Gehirn isoliert, vollständig ischämisch macht oder die Gewebe in vitro unter definierte Bedingungen bringt, lassen sich vergleichbare und bindende Aussagen über die Vulnerabilität machen.

Neuere Theorien der Nervenleitung[1].

Von

ROBERT STÄMPFLI.

Hallerianum, Physiologisches Institut der Universität Bern.

Mit 2 Textabbildungen.

Der Begriff der Nervenleitung umfaßte früher eigentlich alles, was mit der Nervenerregung und ihrer Fortleitung zu tun hatte. Heute dagegen ist der Erregungsvorgang und die ihm zugrundeliegende Veränderung der elektrischen Struktur erregbarer Membranen zu einem eigenen Wissenszweig geworden, der sich wesentlich von dem der Erregungsleitung unterscheidet. Wenn der Titel dieses Vortrages doch von Nervenleitung spricht, geschieht dies mit Absicht im alten Sinne; es soll mehr von der Erregung an sich und etwas weniger von ihrer Fortleitung die Rede sein. Der Grund dafür ist leicht einzusehen: Die Erregungsleitung ist erst dann möglich, wenn durch die Erregung die dazu notwendige elektrische Energie erzeugt wurde. Der Leitungsprozeß ist ein physikalischer Vorgang, die Erregung dagegen ist vielleicht zum größeren Teil ein physikalisch-chemischer Prozeß, dessen Entstehung aber eng mit physiologisch-chemischen Vorgängen verknüpft ist, Vorgängen, die der Zellstruktur überhaupt erst die Erregungsbereitschaft geben müssen.

Die Möglichkeit, einem Kreis von Chemikern ein Gebiet vorlegen zu dürfen, das von der physikalischen Betrachtungsweise des Elektrophysiologen aus gesehen weit hinaus in das leider von ihm so wenig beherrschte Gebiet der physikalischen und physiologischen Chemie reicht, ist besonders heute sehr verlockend. Neueste Untersuchungen haben in der Tat manches am Erregungsprozeß aufgedeckt, das mit physikalischer Methodik wohl meßbar ist, aber nur mit Hilfe des Chemikers erklärt werden kann. Über

[1] Das Referat konnte wegen Erkrankung des Autors in Mosbach nicht vorgetragen werden.

die chemischen Grundprozesse, die letzten Endes die erregbaren Membranen während des ganzen Lebens in *dem* Zustand halten, der für die Erhaltung der Erregbarkeit unumgänglich nötig ist, wissen wir bis heute so gut wie nichts. Gestatten Sie mir also, Ihnen das Gebiet der Erregungsphysiologie so darzustellen, wie es sich auf Grund der neuesten Untersuchungen dem Elektrophysiologen offenbart. Erwarten Sie aber andererseits nicht mehr als Hinweise darauf, wo die Berührungspunkte mit der Chemie liegen, wo ein gemeinsames Vorgehen des Chemikers mit dem Elektrophysiologen erfolgreich sein und wo Ihre Erfahrung und Ihre Sachkenntnis plötzlich neue Wege zeigen könnten.

Niemand hat bis jetzt erregbare Membranen gesehen. Ihr Vorhandensein ist aber heute durch eine große Zahl von Versuchen gesichert, bei denen Mikroelektroden, feine Glascapillaren von weniger als $^1/_2\,\mu$ Durchmesser, ins Innere von erregbaren Strukturen, Nervenfasern, Muskelfasern usw. eingestochen wurden. Es zeigt sich, daß jeweils an der Zellperipherie, dort wo die mikroskopisch sichtbaren Zellbegrenzungen liegen, auch die erregbare Membran liegen muß. Zeitlebens ist diese der Sitz eines elektrischen Potentials, des Ruhepotentials, das erst im Tod oder bei O_2-Entzug langsam verschwindet. Aus elektrischen Daten kann gefolgert werden, daß sie, falls sie aus Lipoiden gebaut ist, nicht dicker als ein bis zwei Lipoidmoleküle sein kann. Verschiedene Gründe, so ihre Empfindlichkeit gegenüber organischen Lösungsmitteln u. a. lassen vermuten, daß sie tatsächlich aus Lipoiden oder Lipoproteiden besteht.

Die erregbare Membran ist die Grenzfläche zwischen zwei Elektrolytlösungen verschiedener Konzentration. Beim Nerven grenzt sie das Axoplasma von der Extracellulärflüssigkeit ab, deren Zusammensetzung ungefähr dem Blutplasma entspricht. Die Konzentrationsunterschiede sind im Hinblick auf das Ruhepotential sehr bedeutsam. Rufen wir uns kurz die wesentlichen Tatsachen in Erinnerung: Kaliumionen finden sich im Zellinnern in mehr als 10facher Konzentration gegenüber der Außenlösung, dagegen beträgt die Na^+-Konzentration des Axoplasmas nur einen Bruchteil der Außenkonzentration. Nicht anders steht es mit den Chlor-Ionen-Konzentrationen, deren Zahlenverhältnis ähnlich ist wie das des Kaliums, nur mit einem Konzentrationsgradienten in umgekehrter Richtung, also von außen nach innen, wie beim Natrium. Damit haben wir die drei Ionenarten erwähnt, die sowohl mengenmäßig wie auch in bezug auf ihre elektrochemischen Eigenschaften am ehesten als Potentialbildner in Frage kommen könnten.

Die Entstehung eines Diffusionspotentials auf Grund eines Ionenkonzentrationsgradienten an einer für die betreffende Ionenart durchlässigen Membran ist eine altbekannte Tatsache. Die Richtung des Potentials an der in Ruhe befindlichen erregbaren Membran war ebenfalls schon den ersten Elektrophysiologen bekannt: Das Axoplasma ist gegenüber dem Außenmedium negativ geladen. Die wahre Größe des Potentialsprungs an der Membran ist aber erst seit etwas mehr als 10 Jahren gemessen worden, seitdem man entweder von der Schnittstelle her in das Axoplasma isolierter Riesen-Nervenfasern von Cephalopoden Elektroden bis in unbeschädigte Faserabschnitte vorschob und so direkt die Potentialdifferenz zwischen innen und außen bestimmte, oder mit den schon erwähnten feinsten Nadelelektroden die Membran durchstach. Aus der absoluten Größe des so gemessenen Membranpotentials und aus seinem Verhalten bei Variation der Ionenkonzentrationen in der Außenflüssigkeit konnte bestimmt werden, ob das Ruhepotential tatsächlich ein Diffusionspotential und welche Ionenart dafür verantwortlich sei. Von den Kationen kommt von vornherein nur das Kalium in Frage, dessen Austrittstendenz aus dem K^+-reichen Axoplasma dieses negativ machen müßte. Das Chloridanion andererseits könnte ebenfalls die charakteristische Polarität ergeben. In beiden Fällen müßte man aber annehmen, daß Na^+ deshalb keinen Einfluß haben kann, weil die Membran dafür undurchlässig ist oder weil es immer wieder durch einen Stoffwechselprozeß hinausgeschafft wird.

Die gefundenen Ruhepotentiale bei verschiedenen erregbaren Strukturen in verschiedenen Tierarten zeigen in bemerkenswerter Übereinstimmung eine ausgesprochene Abhängigkeit von der K^+-Konzentration der Außenflüssigkeit, wobei in größeren K^+-Konzentrationen die Größe des Membranpotentials annähernd mit dem Ausdruck

$$\frac{RT}{F} \log_e \frac{(K)_i}{(K)_a}$$

übereinstimmt (z. B. Abb. 1a).

$(K)_i$ = Kaliumkonzentration des Axoplasmas,
$(K)_a$ = Kaliumkonzentration der Außenflüssigkeit,
R = Gaskonstante,
T = absolute Temperatur,
F = das Faraday.

Allerdings weicht die Beziehung zwischen Membranpotential und log $(K)_a$ bei niedrigen Werten entschieden von der theoretisch zu erwartenden Geraden ab, so daß der Ruhepotentialwert immer deutlich geringer als das Kalium-Gleichgewichtspotential ausfällt, das sich aus den Konzentrationen berechnen läßt. Gleichwohl kann nicht daran gezweifelt werden, daß die ruhende erregbare Membran in erster Linie für K^+ durchlässig ist, und daß die Konzentrationsdifferenz dieses Ions die Ursache des Ruhepotentials sein muß.

Der nächste Punkt, bei dem der physiologische Chemiker entschieden mitzusprechen hat, ist die Frage, weshalb denn eigentlich Konzentrationsdifferenz besteht und weshalb sie sich nicht nach einiger Zeit ausgleicht. BOYLE u. CONWAY 1941 hatten für die erregbare Membran des Muskels vorgeschlagen, die Membran sei nur für K- und Cl-Ionen durchlässig und die Ionenverteilung entstehe auf Grund eines Donnangleichgewichts, entsprechend

$$\frac{(K)_i}{(K)_a} = \frac{(Cl)_a}{(Cl)_i} \doteq 50$$

$(K)_i$, $(Cl)_i$ = Aktivitäten im Zellinnern,
$(K)_a$, $(Cl)_a$ = Aktivitäten in der Außenflüssigkeit.

Noch im gleichen Jahr machte DEAN 1941 die zusätzliche Annahme, daß die Membran in geringerem Maß auch für Na-Ionen durchlässig sei, daß aber eine Stoffwechselpumpe diese immer wieder gegen den elektrochemischen Gradienten für Na herauspumpe, so daß praktisch ein Verhalten wie bei Impermeabilität der Membran für Na^+ entstände. Inzwischen sind auch andere Zellen untersucht worden, die ebenfalls Na^+ gegen einen Konzentrationsgradienten herausschaffen können (USSING 1949). Die Vorstellung eines aktiv Na^+ herausschaffenden Stoffwechselvorgangs hat sich in der Folge als sehr nützlich erwiesen. Die ungleiche Verteilung der Na- und K-Ionen findet damit eine einfache Erklärung. Da aus elektrostatischen Gründen die Summe der Kationen im Innern gleichbleiben muß, wird jedes herausgeschaffte Na-Ion durch K ersetzt. Also ist das Ruhepotential letzten Endes nichts anderes als die Konsequenz des Herauspumpens von Na^+ aus der Nervenfaser mit Hilfe eines Stoffwechselvorgangs. Deshalb auch die altbekannte Abnahme des Ruhepotentials bei O_2-Mangel, da der Stoffwechselprozeß offenbar selbst oxydativer Natur ist oder vom Ablaufen anderer oxydativer Prozesse abhängig ist. Im Hinblick darauf, daß auch unerregbare Zellen ähnliche Konzentrationsunterschiede zwischen Zellinhalt und Außenflüssigkeit zeigen, liegt nahe, daß diese Prozesse universeller Art und für alle lebenden Zellen von großer Bedeutung sind.

Bei Diffusionssystemen an einer Membran, wo mehrere Ionenarten beteiligt sind, kann das entsprechende Membranpotential unter Berücksichtigung theoretischer Erwägungen GOLDMANs 1943 durch Einbeziehung der Ionendurchlässigkeiten der Membran (pK, pNa, pCl) berechnet werden (HODGKIN u. KATZ 1949).

$$E_m = \frac{RT}{F} \frac{pK\,(K)_i + pNa\,(Na)_i + pCl\,(Cl)_a}{pK\,(K)_a + pNa\,(Na)_a + pCl\,(Cl)_i}$$

$(K)_i$, $(Na)_i$, $(Cl)_i$ = Innenkonzentration, $(K)_a$, $(Na)_a$, $(Cl)_a$ = Außenkonzentration der entsprechenden Ionen.

Die Permeabilitätskonstanten pK, pNa, pCl sind abhängig von der Beweglichkeit und Löslichkeit der Ionen in der Membran. Obschon diese Formel nicht mehr als eine grobe Annäherung darstellt, die bei etwaiger chemischer Bindung von Ionen mit Trägermolekülen Fehler ergeben sollte, haben HODGKIN u. KATZ eine recht gute Übereinstimmung berechneter Potentialwerte mit gemessenen Ruhepotentialen bei verschiedensten Außenlösungen gefunden. Die entstehende Kurve des Membranpotentials in Abhängigkeit vom Logarithmus der K-Außenkonzentration ist der in Abb. 1a gezeigten Kurve sehr ähnlich und es wird durchaus verständlich, weshalb bei sehr kleinen K-Konzentrationen der Potentialwert *nicht* weiter ansteigt und bei Null *nicht* unendlich groß wird.

Andererseits bietet die Formel die Möglichkeit, auf Grund von Meßresultaten und verschiedenen vereinfachenden Annahmen Zahlenwerte für pK, pNa und pCl zu errechnen und daraus Rückschlüsse auf Permeabilitätsänderungen beim Erregungsvorgang zu ziehen.

Wenden wir uns deshalb dem Aktionspotential zu, d. h. dem Membranpotential bei maximaler Erregung. Gleichzeitig mit den ersten absoluten Membranpotentialmessungen in Ruhe hatte man auch die ersten absoluten Zahlenwerte für das Aktionspotential erhalten. Es zeigte sich, daß das Membranpotential im Aktionsvorgang nicht, wie man bisher angenommen hatte, auf Null zusammenbricht, sondern daß es seine Polarität wechselt.

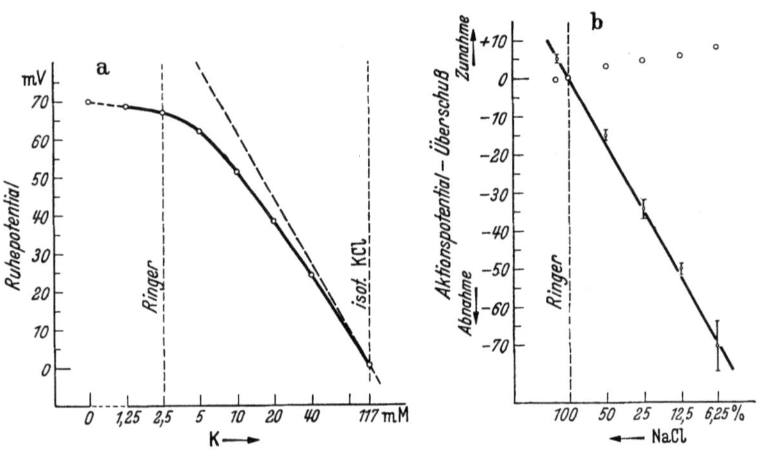

Abb. 1 a u. b. *a* Membranpotential in Abhängigkeit von der K-Konzentration in der Außenflüssigkeit. Mittelwerte aus 6 Versuchen. *b* Zu- und Abnahme des Aktionspotentialüberschusses über das Ruhepotential bei verschiedenen Na-Konzentrationen. (log. Maßstab) Abszisse = % Na-Gehalt (100 % = 113,4 mM Na). Mittelwerte aus 6 Versuchen. Nach HUXLEY und STÄMPFLI: Helvet. physiol. Acta 8, 107 (1950).

Im Erregungsvorgang ist also das Nerveninnere gegenüber der Außenlösung positiv.

Nach dem bisher Gesagten kann für die Erklärung eines solchen Umschlags eine plötzliche Permeabilitätsänderung für Natrium postuliert werden. Träfe dies zu, so müßte die Größe des Überschießens des Aktionspotentials über die Nullinie eine lineare Funktion des log $(Na)_a$ sein. Auch diese Vermutung hat sich bestätigt (s. Abb. 1b). Dabei ist die Linearität viel ausgesprochener als beim Ruhepotential. Offenbar ist die Permeabilität für Na^+ außerordentlich viel größer geworden als für K und Cl. HODGKIN u. KATZ 1949 haben die ersten Zahlenwerte für die Ionenpermeabilitäten gegeben. Obschon sie nur für die erregbare Membran einer Riesenfaser des Kalmars *Loligo forbesi* Gültigkeit haben und ihnen überdies verschiedene Unsicherheiten anhaften, bilden sie doch einen wichtigen Hinweis auf die Größenordnung der Permeabilitätsänderungen, durch die sich der Verlauf des Aktionspotentials erklären ließe. Für Ruhe betrug das Verhältnis

$$pK:pNa:pCl = 1:0{,}04:0{,}45$$

für die Erregung dagegen

$$1:20:0{,}45$$

und für die Refraktärperiode

$$1{,}8:0:0{,}45.$$

Aus diesen Zahlen läßt sich also schon schließen, daß eine Potentialänderung, ähnlich einem Aktionspotential dadurch zustandekommen könnte, daß bei gleichbleibendem pCl zuerst pNa auf das etwa 500fache und erst anschließend auch pK um einen gewissen Betrag zunähme.

Es wäre nutzlos, Ihnen diese Überlegungen hier vorzutragen, wenn nicht inzwischen die glänzende Bestätigung dieser Annahmen durch eine ganze Zahl von direkten und indirekten Experimentalbeweisen vorläge.

Vorerst steht fest, daß die Erregungsleitung bei Verwendung Na^+ freier Lösungen blockiert und die Membran unerregbar wird. Ferner ist die Geschwindigkeit der Membranpotentialänderung bei Erregung von der Na-Konzentration abhängig (HODGKIN u. KATZ 1949, HUXLEY u. STÄMPFLI 1951).

Untersuchungen mit Na^{24} zeigten eine fünfzehnfache Zunahme der Na^{24} Aufnahme einer mit 100 Impulsen pro sec erregten Riesennervenfaser gegenüber einer ruhenden. Dabei beträgt die pro Impuls aufgenommene Na^{24}-Menge je cm^2 Membran etwa $3{,}8 \times 10^{-12}$ Mol, was ungefähr dem K^+-Ausstrom, der ebenfalls mit Isotopen und unabhängig davon auch mit Leitfähigkeitsmethoden bestimmt wurde, entspricht (KEYNES u. a.). (Alle diese Versuche sind von HODGKIN 1951 zusammenfassend dargestellt worden.)

Es entstand im Laufe der letzten Jahre auf Grund der Arbeiten von HODGKIN, HUXLEY u. KATZ die eigentliche *Ionentheorie der Erregung*, die in allerletzter Zeit dank der vorzüglichen experimentellen Arbeiten der genannten Autoren schon das Stadium der Theorie mehrheitlich verlassen hat und heute die Grundlage der Lehre über erregbare Membranen bilden sollte.

Die Lehre sagt vorderhand nichts anderes, als daß die Erregung durch zeitlich aufeinanderfolgende Ionendurchlässigkeitsänderungen erregbarer Membranen entsteht, nachdem diese durch einen Reiz um einen bestimmten Minimalbetrag depolarisiert wurden. Ich verzichte absichtlich darauf, bei diesem Stand meiner Ausführungen eine ausführliche Formulierung zu wählen.

Doch möchte ich Ihnen jetzt, immer nur in großen Zügen, einen Überblick über die neuesten experimentellen Beweise für die Ionentheorie der Erregung geben, die, obschon alle an der Riesennervenfaser von *Loligo* erhalten, höchstwahrscheinlich für sämtliche erregbaren Strukturen Gültigkeit haben (HODGKIN, HUXLEY u. KATZ 1952, HODGKIN u. HUXLEY 1952, a, b, c, d).

Das der Meßmethodik zugrundeliegende Prinzip ist folgendes: Zur Vermeidung des Einflusses benachbarter, unerregter Membranabschnitte wird ein großes Membranstück überall gleichzeitig auf ein neues Membranpotential gebracht. Dies geschieht durch eine axiale, im Axoplasma vorgeschobene Silberelektrode, die über 15 mm Länge blank ist und eine konzentrische Außenelektrode. Damit die Potentiale, die der Membran aufgezwungen wurden, über beliebige Zeit konstant gehalten werden können, werden sie mit Hilfe einer zweiten Axialelektrode gemessen und über eine Gegenkoppelungsvorrichtung so verstärkt, daß bei jeder Potentialänderung sofort eine entsprechende, ihr entgegenwirkende Änderung des Stromflusses durch das erste Elektrodenpaar entsteht. Es ist also möglich, die bei konstantem Membranpotential beliebiger Größe entstehenden Stromänderungen zu messen.

Da die Membran einem Kondensator gleichgesetzt werden kann, dessen Dielektrikum eine bestimmte Ionendurchlässigkeit besitzt, kann man den die Membran durchfließenden Strom I auch als die Summe einer kapazitiven Stromkomponente $\left(C_M \frac{dV}{dt}\right)$ und eines Ionenstroms I_i ansehen.

$$I = C_M \frac{dV}{dt} + I_i$$

Wird also plötzlich der Membran ein neues Potential aufgezwungen, so entsteht ein kurzfristiger Kapazitätsstrom, aus dem sich die Membrankapazität errechnen läßt. Alle anschließend auftretenden Stromänderungen dagegen sind Ionenströme, da ja durch die Gegenkoppelungsvorrichtung automatisch $\frac{dV}{dt} = 0$ gemacht wird.

Ändert man die Außenkonzentration einer Ionenart und wählt man geeignete Depolarisationsstufen, so gelingt es, die einzelnen Komponenten des Ionenstroms durch die Membran zu erkennen und zu prüfen, ob die Ionendurchlässigkeit der Membran für die eine oder andere Ionenart eine Funktion des angelegten Potentials ist.

Dank dieser Methode gelang es HODGKIN u. HUXLEY zu beweisen, daß Depolarisationen von ungefähr 10—110 mV eine rasche Zunahme der Na-Durchlässigkeit bewirken, so daß beim Vorhandensein normaler Na-Mengen in der Außenlösung Na-Ionen in Richtung des Konzentrationsgefälles in die Faser eindringen. Der so entstandene Einwärtsstrom fließt in umgekehrter Richtung, als ein Depolarisationsstrom von Kationen durch eine Membran fließen müßte, deren Permeabilitätsverhältnisse noch dem Ruhezustand entsprächen. Tatsächlich müßte ja beim Verkleinern des Ruhepotentials, das wir als Kaliumpotential kennen lernten, ein Auswärtsstrom von K-Ionen entstehen, da die dem Ausgleich der Konzentrationsdifferenzen zwischen innen und außen entgegenwirkende Potentialdifferenz abgenommen hätte. Der Einwärtsstrom während einer Depolarisation muß demnach als Kennzeichen des Erregungsvorgangs aufgefaßt werden. Während geringe Depolarisationen (unterschwellige Reize) immer im Gesamten einen Auswärtsstrom bewirken, überwiegt vom Schwellenniveau an, d. h. von *der* Depolarisation, die zur Bildung einer fortgeleiteten Erregung führt, der Einwärtsstrom. Er vergrößert sich außerordentlich rasch und erreicht bald ein Maximum. Anschließend folgt ein Auswärtsstrom, der länger dauert, in bezug auf die transportierte Ionenmenge dem Einwärtsstrom aber ungefähr entspricht. Letzterer besteht fast ausschließlich aus Na-Ionen. Da die Durchlässigkeitszunahme für Natrium nur kurze Zeit dauert, nimmt er wieder ab, auch wenn die Depolarisation anhält. Er fehlt bei Ersatz des Natriums in der Außenlösung durch Cholin und macht unter diesen Umständen einem kurzdauernden Auswärtsstrom Platz. Die Durchlässigkeitsänderung ist demnach nicht an die Gegenwart von Na in der Außenlösung gebunden. Wenn es fehlt, liefert das Axoplasma eine geringe Na-Menge, die zusammen mit K-Ionen während eines kurzen Zeitraums die Faser verläßt und deshalb dem K-Strom, der sich bei Na-freien Außenlösungen besonders gut beobachten läßt, einen kleinen Strombuckel überlagert.

Die Na-Durchlässigkeit der Membran nimmt also nach jeder Depolarisation für kurze Zeit zu und sinkt nachher wieder ab. Der Ionenstrom, der auf Grund der Permeabilitätsänderung entsteht, hängt von der treibenden Kraft ab, welche den Durchtritt der Ionen gestattet. Außer dem Konzentrationsgradienten muß das Potential der Membran in Rechnung gesetzt werden. Wird der Membran z. B. ein Potential aufgezwungen, das dem Gleichgewichtspotential für Na

$$E_{Na} = \frac{RT}{F} \log_e \frac{(Na)_a}{(Na)_i}$$

entspricht, (innen positiv, außen negativ) so wird überhaupt kein Na-Strom beobachtet. Wird das Membranpotential dagegen noch vergrößert, so entsteht ein Auswärtsstrom von Na-Ionen. Die Bestimmung des Membranpotentials, an dem weder ein Einwärts- noch Auswärtsstrom von Na-Ionen stattfindet, ist experimentell möglich und von HODGKIN u. HUXLEY ebenfalls für verschiedene Außenkonzentrationen von Na vorgenommen worden. Es zeigte sich, daß dieses Verfahren eine indirekte Bestimmung der Innenkonzentration von Na gestattet und daß eine lineare Beziehung zwischen diesem „Na-Potential" und dem Logarithmus der Na-Konzentration in der Außenlösung besteht, die in befriedigender Weise mit den theoretischen Werten übereinstimmt. Es besteht also kein Zweifel darüber, daß beim Erregungsvorgang für kurze Zeit ein Zustand besteht, bei dem sich eine Potentialdifferenz an der Membran einstellt, die sich aus den Gleichgewichtsbedingungen für den Na-Konzentrationsgradienten an einer Na-permeablen Membran errechnen läßt.

Die erregbare Membran verhält sich demnach auch nicht wie ein Ohmscher Widerstand, durch den in jedem Zeitpunkt ein der angelegten Spannung entsprechender Strom fließt. Allerdings ist dieses Verhalten unmittelbar nach einer Potentialänderung noch vorhanden. Schon nach Bruchteilen von Millisekunden aber ändert sich der Strom in der in Abb. 2 dargestellten Weise.

Sehr wichtig im Hinblick auf den Mechanismus der Durchlässigkeitsänderung ist außer ihrer kurzen Dauer (bei 6° C 1—4 msec insgesamt, je nach Depolarisationsgrad) die Tatsache, daß eine neue Depolarisation unmittelbar anschließend keine neue Durchlässigkeitszunahme erzeugt und daß geraume Zeit (30 msec und mehr) vergeht, bis die ursprüngliche Reaktionsfähigkeit langsam wieder erreicht wird. Offensichtlich bewirkt eine Depolarisation, (auch wenn sie gering, aber anhaltend ist) beträchtliche Veränderungen in der Fähigkeit der Membran, ihre phasische Durchlässigkeitszunahme für Na^+ durchzumachen. Außer dem schnellen Vorgang der Durchlässigkeitsänderung ist also ein zweiter Vorgang zu berücksichtigen, durch den die Membran wieder ihre ursprüngliche Aktionsbereitschaft erhält und der viel länger dauert als die eigentliche Permeabilitätsänderung. Je nach dem Ausgangspotential, von dem aus eine Depolarisation gesetzt wird, ist die Größe des Einwärtsstroms von Na-Ionen verschieden groß. Bei einem Ausgangsniveau von etwa 30 mV unter dem Ruhepotential ist überhaupt kein Na-Einstrom mehr zu erzeugen. Offenbar ist bei diesem Potential das gesamte System, das die Permeabilitätszunahme bewirkt, inaktiviert. Andererseits erreicht bei *Loligo*-Fasern der Na-Einstrom maximale Werte, falls die Depolarisation von einem das Ruhepotential um 30 mV übertreffenden Ausgangsniveau ausgeht. Die Wirksamkeit des den Natriumdurchtritt gestattenden Systems ist also ebenfalls vom Membranpotential abhängig und HODGKIN u. HUXLEY sprechen direkt von einer ,,Inaktivierung", die beim Ruhepotential einer *Loligo*-Riesenfaser zu Beginn eines Versuchs (also längere Zeit nach Präparation der Faser) etwa 40% beträgt. Zwischen dem Membranpotential und der Größe des bei immer gleich großer Depolarisation entstehenden Na-Ionenstroms besteht eine S-förmige

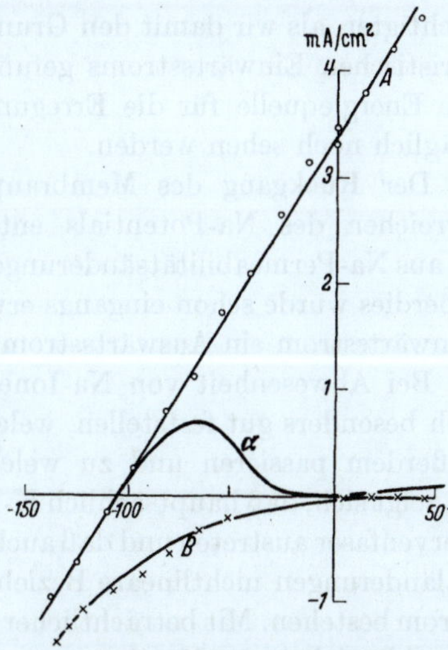

Abb. 2. Beziehung zwischen Strom und Spannung. Erregbare Membran von *Loligo* Nervenfaser. A und α in Meerwasser, B in ,,Meerwasser" mit Cholinchlorid an Stelle von Na Cl. A und α wurden durch Depolarisation der Membran auf das ,,Na Potential" (hier 110 mV) und nach 0,28 msec Repolarisation oder weitere Depolarisation auf die mit offenen Kreisen bezeichneten Werte bestimmt. A gibt die unmittelbar anschließend gemessenen Ionenströme, α die nach weiteren 0,28 msec gefundenen Ströme, B die entsprechend A gemessenen Ströme bei Abwesenheit von Na-Ionen. Nach HODGKIN u. HUXLEY (1952b).

Beziehung. Der Zusammenhang dieses Verhaltens mit dem Phänomen der Refraktärphase und der Akkommodation liegt auf der Hand, obschon es sich dabei zweifellos nicht um die einzige Größe handelt, welche hier eine Rolle spielt. Bis jetzt haben wir ja das Verhalten der Membran nur im Zusammenhang mit dem Durchtritt von Na-Ionen untersucht. Dazu waren wir um so berechtigter, als wir damit den Grund des für die Erregung charakteristischen Einwärtsstroms gefunden haben, der letzten Endes die Energiequelle für die Erregungsleitung bildet, wie wir nachträglich noch sehen werden.

Der Rückgang des Membranpotentials auf die Norm nach Erreichen des Na-Potentials entsteht aber zu rasch, als daß er aus Na-Permeabilitätsänderungen allein erklärt werden könnte. Überdies wurde schon eingangs erwähnt, daß anschließend an den Einwärtsstrom ein Auswärtsstrom auftritt.

Bei Abwesenheit von Na-Ionen in der Außenflüssigkeit läßt sich besonders gut feststellen, welche anderen Ionen die Membran außerdem passieren und zu welchem Zeitpunkt dies geschieht. Es zeigt sich, daß hauptsächlich K-Ionen bei Depolarisation aus der Nervenfaser austreten und daß auch hier für länger dauernde Potentialänderungen nichtlineare Beziehungen zwischen Spannung und Strom bestehen. Mit beträchtlicher Verspätung nimmt auch die K-Durchlässigkeit der Membran zu und erreicht einen für die entsprechende Depolarisation charakteristischen neuen Endwert. Die Permeabilitätsänderung ist also nicht nur langsamer, sondern sie hat auch nicht phasischen Charakter. Wie die Na-Permeabilität läßt sich auch die K-Permeabilität durch Repolarisation wieder auf niedrige Werte herabsetzen, wobei die Geschwindigkeit der Rückkehr, wie übrigens auch beim Na, von der Größe des Membranpotentials abhängt. Bei Repolarisation auf die Höhe des Ruhepotentials z. B. erfolgt die Rückkehr der Na-Durchlässigkeit der Membran auf kleine Werte etwa 30mal schneller als die für K.

Nachdem wir nun wissen, daß eine plötzliche kürzere oder längere Herabsetzung des Membranpotentials einer Nervenfaser

a) eine vorübergehende, rasche Zunahme der Na^+-Durchlässigkeit,

b) eine verspätet auftretende Zunahme der K^+-Durchlässigkeit

bewirkt, können wir uns der Frage zuwenden, wie sich die *Reizschwelle* der erregbaren Membran erklären läßt.

Ohne Vorhandensein des Na-Übertragungssystems müßte eine Depolarisation einen K^+-Auswärtsstrom erzeugen, der nach einiger Zeit auf einen neuen, größeren Wert anwüchse (zeitlich verzögerte Wirkung).

Das Na-Übertragungssystem dagegen läßt schon sehr kurze Zeit nach der Depolarisation einen Einwärtsstrom von Na-Ionen entstehen, dessen Maximum, wie aus Abb. 2 ersichtlich ist, abhängig vom Depolarisationsgrad ist. Überdies ist die Geschwindigkeit der Durchlässigkeitsänderung ebenfalls eine Funktion der Depolarisationsspannung. Bei sehr geringen Depolarisationen wird also wohl ein geringer Na-Ionenstrom fließen, der aber längst durch den K-Auswärtsstrom übertroffen wird. Erst wenn der Einwärtsstrom den Auswärtsstrom übertrifft, ist die Schwellenbedingung erreicht, weil nun ein sich selbst unterhaltender Prozeß eintritt. Der Überschuß an Na-Ionen-Einwärtsstrom vermindert das Membranpotential weiter und erhöht damit die Membranpermeabilität, weshalb die Depolarisation mit großer Geschwindigkeit weitergeht, bis das Gleichgewichtspotential für Na erreicht ist. Obschon also die Steigerung der Na-Durchlässigkeit ein kontinuierlich vom Membranpotential abhängiger Vorgang ist, kann die fortgeleitete Erregung erst dann auftreten, wenn der durch die Depolarisation erzeugte K^+-Auswärtsstrom durch den phasischen Na^+-Einstrom übertroffen wird. Die Latenz, die bis zum Entstehen der fortgeleiteten Erregung vergeht, hat verschiedene Gründe: Der Anstieg des Na-Einstroms hängt von der Depolarisationsstärke ab. Bei Schwellenreizen ist er flach, so daß erst beim Erreichen des Maximums das Umschwenken des Membranpotentials nach der Na-Seite stattfindet, also auch lange Latenz. Auch wird der Ausgleich zwischen Na-Strom und K-Strom mit so geringer zeitlicher Variation erreicht, daß eine Art labiles Gleichgewicht entsteht. Das Membranpotential kann nach der einen oder anderen Seite umschlagen und es kann fortgeleitete Erregung zu stark variierenden Zeitpunkten einsetzen oder ausbleiben.

Bei Registrierung des Aktionsstroms unter der Reizelektrode kann bekanntlich ein unterschwelliges Aktionsphänomen registriert werden, ein Aktionsstrombuckel, der beim Schwellenwert in das normale von der Reizstärke unabhängige Aktionsstrombild umschlägt. Auch diese „lokale“, besser aber „unterschwellige

Erregung“ genannte Erscheinung (s. auch STÄMPFLI 1952) erklärt sich durch die Ionentheorie der Erregung als unterschwelliger Na-Einstrom sehr gut. Der Ausdruck „lokale Erregung“ wurde ursprünglich geprägt, weil angenommen wurde, winzige Membranabschnitte würden bereits voll erregt, die von ihnen gelieferten Einwärtsströme seien aber nicht groß genug um eine Ausbreitung der Aktivität durch Stromschleifen zu sichern. Die hier besprochenen Arbeiten von HODGKIN, HUXLEY u. KATZ beweisen aber, daß es sich um ein echtes, unterschwelliges Erregungsphänomen handelt, da ein großer Membranabschnitt gleichzeitig depolarisiert wurde und die Erscheinung genau gleich auftrat. Auch die Tatsache, daß die unterschwellige Erregung erst von etwa 50% der Reizschwelle an zu beobachten ist, erklärt sich aus Abb. 2. Depolarisationen von weniger als dieser Intensität führen zu minimalen Permeabilitätsänderungen, die überdies flach verlaufen. Erst oberhalb dieses Wertes beginnt der starke, nichtlineare Anstieg des Na-Membranstromes.

Damit haben wir zum mindesten die Umrisse des Erregungsvorgangs auf Permeabilitätsänderungen der erregbaren Membran und die damit verbundenen Ionenströme zurückgeführt. Es bleibt uns, zur korrekten Behandlung der „Nervenleitung“ im eingangs erwähnten Sinne, nur noch die Aufgabe, auch die Erregungsleitung auf Grund der gewonnenen Erkenntnisse zu erklären.

Jede erregte Stelle liefert einen Einwärtsstrom auf Grund des Konzentrationsgefälles der Na-Ionen. Benachbarte, unerregte Stellen müssen demnach als Austrittsstellen für eine entsprechende Strommenge dienen. Die an der erregten Stelle aufgetretene Potentialänderung teilt sich der unerregten Umgebung mit. Die Depolarisation benachbarter Membranstellen bewirkt Auswärtsströme, deren Gesamtstrommenge dem Einwärtsstrom an der erregten Stelle gleich sein muß.

Je nach den elektrischen Daten der erregbaren Membran, Kapazität und Widerstand, entsteht in der näheren oder auch weiteren Umgebung des erregten Abschnittes ein weiterer Erregungsvorgang, der sich konzentrisch von der erregten Stelle aus ausbreiten muß und nur in einer Richtung läuft, da die Inaktivierung des Na-Systems eine Umkehr der Richtung durch rückgreifende Stromschleifen gar nicht zuließe, ganz abgesehen davon, daß der kleine Widerstand der Membran im erregten Zustand langsamer wieder zunimmt als er zu Beginn des Aktionsstroms abgenommen hatte, so daß hinter dem erregten Abschnitt die Stromschleifen weniger weit reichen als vor ihm.

Der Beweis der Erregungsausbreitung durch den elektrischen Strom ist schon 1937 von Hodgkin erbracht worden. Es handelt sich hierbei um einen rein passiven Leitungsvorgang, die elektrotonische Ausbreitung der Potentialveränderung auf Grund von Ionenströmen, und deshalb um ein physikalisches Phänomen. Bei markhaltigen Nervenfasern ist dieses Prinzip offenbar zur Erreichung größerer Leitungsgeschwindigkeiten bei gegebenem Faserdurchmesser so ausgebaut worden, daß die erregbare Membran in winzige Abschnitte aufgeteilt wird, die voneinander durch eine passive Kabelstruktur von beachtlicher Länge getrennt sind. Die Erregung eines solchen Membranstückchens (eines Ranvierschen Schnürrings) erzeugt einen Potentialumschlag und Na^+-Einwärtsstrom wie bei jeder anderen erregbaren Struktur. Die Potentialänderung breitet sich aber jetzt längs einer unerregbaren Kabelstruktur (dem Indernodium mit der Markscheide als Isolator) zum nächsten Schnürring aus, wobei ein starker Einwärtsstrom am erregten Schnürring durch den Achsenzylinder nach vorne zum noch unerregten Schnürring, durch dessen Membran in die Außenlösung und zurück zum ersterregten Schnürring fließt. Die Zeit, die vergeht, bis am nächsten Schnürring Schwellendepolarisation entsteht, hängt von der Güte des Übertragungskabels, also des Internodiums, ab. Besitzt dieses eine schlechte Isolation zwischen dem innern und äußeren Leiter, so wird im Stromkreis wohl ein Strom fließen, er wird aber infolge der Isolationsverluste stark abnehmen und die Reizspannung am nächsten Schnürring kann unter Umständen nur knapp überschwellig werden, so daß entsprechend unseren Erwägungen über die Latenz, am Schnürring selbst beträchtliche Zeit bis zum Entstehen der nächsten Erregung vergeht. Andererseits kann das Kabel eine große Kapazität zwischen Innen- und Außenleiter besitzen. Unter diesen Umständen entsteht ein starkes Nachhinken der Spannungsänderung gegenüber der Stromänderung am nächsten Schnürring und es vergeht beträchtliche Zeit, bis auch eine stark überschwellige Depolarisationspannung dort eintrifft und (unter diesen Umständen mit geringer Latenz) eine Erregung erzeugt.

Vom rein physikalischen Gesichtspunkt aus müßten also für die elektrische Kabelstruktur des Internodiums, für einen gegebenen Durchmesser und gegebenes Leitungs- und Isolationsmaterial optimale Abmessungen gefunden werden (Länge des Internodiums, Dicke des Isoliermantels), bei denen gegenüber der kontinuierlichen Struktur einer markhaltigen Nervenfaser gleicher Dicke größte Leitungsgeschwindigkeiten erhalten werden. Besonders durch RUSHTON 1951 ist darauf hingewiesen worden, daß diese optimalen Abmessungen an der markhaltigen Nervenfaser tatsächlich realisiert sind.

Das Prinzip der saltatorischen Erregungsleitung (zusammenfassende Darstellung bei STÄMPFLI 1952) bildet also einen Spezialfall der normalen Erregungsleitung durch elektrotonische Potentialausbreitung mittels Ionenstromkreisen, wobei große Einsparungen an Raum und Energieverbrauch trotz Vergrößerung der Leitungsgeschwindigkeit erzielt werden.

Abschließend, nachdem das Funktionsprinzip, soweit es sich mit physikalischer Methodik fassen läßt, zur Darstellung gelangte, müssen wir die großen Lücken in unserer Darstellung erwähnen, zu deren Beseitigung wir den Chemiker dringend benötigen. Die Energie des Erregungsprozesses stammt aus dem Na-Einwärtsstrom. Der Na-Einwärtsstrom ist nur dann möglich, wenn die Außenkonzentration von Na größer als innen ist (was durch einen Stoffwechselprozeß, der Natrium aus der Nervenfaser herauspumpt, erklärlich wäre) und wenn eine Depolarisation plötzlich einer beschränkten Natriummenge den Eintritt in die Faser gestattet. Sie erinnern sich, daß v. MURALT 1946 den Begriff der Aktionssubstanzen prägte. „Aktionssubstanz ist jeder Stoff, der im Aktionszustand des Nerven gebildet oder verändert wird, und ein unentbehrliches Glied in der Kette der Aktionsreaktionen ist", schrieb er. Also gehört der Stoffwechselvorgang der Na-Pumpe, durch deren Tätigkeit die für die Erregbarkeit unentbehrlichen Konzentrationsunterschiede geschaffen werden, eigentlich nicht in diesen Begriff hinein. v. MURALT bezeichnete damals Acetylcholin, Aneurin, Kalium und einen nicht identifizierten Stoff A_4 als Aktionssubstanzen. Unsere heutige Darstellung macht es schwer, irgendeine dieser Substanzen mit Sicherheit dem Aktionszustand selbst zuzuordnen. Wohl möchte NACHMANSOHN 1951 die Permeabilitätsänderung der erregten Membran durch plötzliche Freisetzung von Acetylcholin und seine Hydrolyse durch die Acetylcholinesterase entstanden sehen. Sogar wenn diese Reaktionen zeitlich innerhalb von Bruchteilen einer Millisekunde ablaufen könnten, was immer wieder behauptet wird, so fehlt doch jeder direkte Beweis für einen solchen Vorgang in der erregbaren Membran. Acetylcholin selbst ist weder am normalen noch am eserinisierten Nerv imstande, Erregungen zu erzeugen. Auch blockieren Hemmstoffe der Acetylcholinesterase die Erregbarkeit erst bei sehr hohen Konzentrationen oder überhaupt nicht. Damit soll nicht gesagt sein, daß dem Acetylcholin irgendwo im Nervenstoffwechsel oder an Synapsen nicht eine bedeutende Rolle zukommt. Schließlich ist es bei erregten Nerven vermehrt gefunden worden, (v. Muralt 1946) und über seine Bedeutung an motorischen Endplatten und Ganglienzellen bestehen kaum mehr Zweifel. Aber nichts spricht dafür, daß es den Primärvorgang auslöst, die Permeabilitätszunahme bei Depolarisation.

Aneurin, das nach v. Muralt 1946 ebenfalls im erregten Nerven vermehrt auftritt, hat vermutlich mit dem Erregungsprozeß selbst auch nichts zu tun, dagegen könnte man sich gut eine besondere Wirkung bei den Erholungsvorgängen oder für die Funktion der Na-Pumpe denken. Auch haben Versuche von v. Muralt u. Zotterman 1952 einen Einfluß von Karpfendarmextrakten, die bekanntlich eine Aneurin-spaltende Wirkung besitzen, auf die Erregbarkeit der sensiblen Nervenendigungen in der Froschzunge ergeben. Die Extrakte bewirken in reversibler Art und Weise eine Empfindlichkeitsabnahme. Auch an der peripheren Nervenfaser werden Schwellenerhöhungen gefunden. Die Veränderungen treten aber, im Gegensatz zu Änderungen, die durch Variation der Ionenkonzentration entstehen, nur langsam auf, so daß ein indirekter Einfluß über oxydative Vorgänge für die Bereithaltung der Erregbarkeit wahrscheinlicher ist, als ein Einfluß auf den Erregungsvorgang selbst. Die vermehrte Aneurinmenge im erregten Nerven könnte wohl eine Freisetzung von Aneurin aus einer gebundenen Form darstellen, aber es ist nicht bewiesen, daß das Vitamin bei der Erregung selbst freigesetzt wird, sondern es könnte ebensogut oder besser später, im Zusammenhang mit den Restitutionsvorgängen, frei werden.

Kalium spielt noch am ehesten die Rolle einer Aktionssubstanz, da es für die Rückkehr des Membranpotentials zum

Ausgangsniveau zusammen mit der Abnahme der Na-Durchlässigkeit eine Rolle spielt. Ob es unentbehrlich ist, und somit genau die Definition einer Aktionssubstanz spielt, ist schwer zu sagen, da die Nervenfaser sehr große K-Reserven besitzt und da Beseitigung des K in der Außenlösung nur das Membranpotential etwas erhöht, sonst aber keinen wesentlichen Einfluß auf die Erregbarkeit hat.

Natrium würde wohl noch besser als Aktionssubstanz bezeichnet werden können. Es ist für die Erregung jedoch auch nicht unentbehrlich, wenn es durch Lithium oder gewisse quaternäre Ammoniumverbindungen ersetzt wird (HUXLEY u. STÄMPFLI, LORENTE DE NO u. a., siehe bei STÄMPFLI 1952).

Entscheidend für die Erregung ist aber die Permeabilitätsänderung. Sehr wahrscheinlich darf man sich die Membranpermeabilität im vorliegenden Fall nicht als die eines Siebs vorstellen, dessen mittlere Porengröße für den Durchgang von K-Ionen genügt, Na-Ionen aber nicht hindurchläßt. Obschon eine solche Vorstellung nach BOYLE u. CONWAY 1941 für hydratisierte K- und Na-Ionen die Verhältnisse in Ruhe ganz gut wiedergäbe, vorausgesetzt daß der kritische Radius oberhalb dessen Teilchen die Membran nicht mehr durchdringen etwa 20% größer als das hydratisierte K-Ion wäre, gäbe sie doch keine Erklärung für die plötzliche selektive Durchlässigkeitszunahme für Na bei Erregung. Na ist stärker hydratisiert als K und müßte schlechter durch eine Lipoidmembran gehen. Wahrscheinlicher ist deshalb die Passage in Form einer Verbindung mit einem lipoidlöslichen Trägermolekül, dessen Beweglichkeit bei hohem Membranpotential beschränkt ist, bei Depolarisation aber stark zunimmt. Für den K-Transport könnte evtl. der gleiche oder ein zweiter Träger in Frage kommen, der sich mit K, nicht aber mit Na verbindet. Solche organischen Verbindungen sind heute bekannt, so z. B. ein Diäthylester der Oxalessigsäure (ROSENBERG zit. bei HODGKIN 1951).

Es darf nicht vergessen werden, daß jede Hypothese für Trägersubstanzen auch den bemerkenswerten Wirkungen der Ca-Ionen gerecht werden muß. Da sie im Überschuß gleich wirken wie eine Erhöhung, beim Fehlen aber wie eine Senkung des Membranpotentials, könnte man umgekehrt auch annehmen, eine Membranpotentialsenkung bewirke die Dissoziation einer unbeweglichen Calcium-Trägerverbindung und erhöhe deshalb die Menge des verfügbaren Trägers und damit der Na-Durchlässigkeit.

Andererseits könnte die Wirkung von H-Ionen und von CO_2, die ebenfalls Ähnlichkeit mit dem Erfolg einer Membranpotentialerhöhung hat, vielleicht auch mit einer Zunahme der Ca^{++}-Konzentration in der Membran erklärt werden. Allerdings scheint dem CO_2 noch eine spezifische Wirkung zuzukommen, die sich der pH-Wirkung überlagert. Auch ist der pH- und CO_2-Effekt in Ca^{++}-freien Lösungen verstärkt (CORABOEUF u. THIEULIN).

Eine Untersuchungsmöglichkeit, die vielleicht Aufschluß über kurzfristig entstehende Substanzen geben könnte, ist die Bestrahlung von RANVIERschen Schnürringen mit UV-Licht. Wie BOOTH, v. MURALT u. STÄMPFLI 1950 zeigten, läßt sich bei Bestrahlung ruhender Schnürringe eine charakteristische Wirkkurve für UV-Licht gewinnen. Es ist möglich, die Schnürringe auch intermittierend zu belichten und den Zeitpunkt einer Erregung so zu legen, daß der UV-Strahl die Stelle des Schnürrings immer nur im Maximum der Erregung oder zu irgendeinem anderen, zeitlich definierten Zeitpunkt trifft. Solche Untersuchungen sind im Gang. Vorderhand steht fest, daß die erregbare Membran im Zeitpunkt der maximalen Erregung UV-empfindlicher ist als in Ruhe. Die Wirkspektren für verschiedene Zeitpunkte des Erregungsvorgangs sind noch nicht gewonnen worden. Im Hinblick auf die großen technischen Schwierigkeiten sind weitere Resultate auch nicht in nächster Zeit zu erwarten.

Die eigentliche Aktionssubstanz, nämlich die Trägersubstanz für Na, die je nach der Höhe des Membranpotentials unbeweglich ist oder Na transportiert, wobei Unbeweglichkeit wahrscheinlich durch eine Ca-Bindung entsteht, ist noch unbekannt. Ohne sie wird die Erregung nicht stattfinden können. Sie wird im Aktionszustand des Nerven gebildet oder verändert. Sie bildet das Schlüsselproblem Nr. 1, gefolgt vom Schlüsselproblem Nr. 2, der Frage nach den Stoffwechselvorgängen, die das Ruhepotential aufrechterhalten.

Beide Probleme sind meines Ermessens durch eine Kombination biophysikalischer und biochemischer Methodik experimentell anzugehen, wobei wenigstens im biophysikalischen Gebiet sehr brauchbare Methoden schon existieren. Es würde mich freuen, wenn meine Ausführungen, die keinen Anspruch auf Vollständigkeit erheben, das Interesse der Biochemiker geweckt und eine Zusammenarbeit angebahnt haben sollten.

Literatur.

BOOTH, J., A. VON MURALT and R. STÄMPFLI: The photochemical action of ultra-violet light on isolated single nerve fibres. Helvet. physiol. Acta **8**, 110 (1950).

BOYLE, P. J., and E. J. CONWAY: Potassium accumulation in muscle and associated changes. J. of Physiol. **100**, 1 (1941).

CORABOEUF, E., et R. THIEULIN: C. r. Soc. Biol. Paris (im Druck).

DEAN, R. B.: Theories of electrolyte equilibrium in muscle. Biol. Symp. **3**, 331 (1941).

GOLDMAN, D. E.: Potential, impedance, and rectification in membranes. J. Gen. Physiol. **27**, 37 (1943).

HODGKIN, A. L.: Evidence for electrical transmission in nerve. Parts I and II. J. of Physiol. **90**, 183 (1937).

— The ionic basis of electrical activity in nerve and muscle. Biol. Rev. **26**, 339 (1951).

— and A. F. HUXLEY: Currents carried by sodium and potassium ions through the membrane of the giant axon of Loligo. J. of Physiol. **116**, 449 (1952).

— — The components of membrane conductance in the giant axon of Loligo. J. of Physiol. **116**, 473 (1952).

— — The dual effect of membrane potential on sodium conductance in the giant axon of Loligo. J. of Physiol. **116**, 497 (1952).

— — J. of Physiol. (im Druck).

— — and B. KATZ: Measurement of current-voltage relations in the membrane of the giant axon of Loligo. J. of Physiol. **116**, 424 (1952).

— and B. KATZ: The effect of sodium ions on the electrical activity of the giant axon of the squid. J. of Physiol. **108**, 37 (1949).

HUXLEY, A. F., and R. STÄMPFLI: Effect of potassium and sodium on resting and action potential of single myelinated nerve fibres. J. of Physiol. **112**, 496 (1951).

v. MURALT, A.: Die Signalübermittlung im Nerven. Basel 1946.

— and Y. ZOTTERMAN: im Druck.

NACHMANSOHN, D.: Studies on permeability in relation to nerve function. I. Axonal conduction and synaptic transmission. Biochim. et Biophysica Acta **4**, 78 (1950).

— Nerve Impulse. Transactions of 2nd Conference March 1—2 1951, New York, Macy.

STÄMPFLI, R.: Bau und Funktion isolierter markhaltiger Nervenfasern. Erg. Physiol. **47**, 70 (1952).

USSING, H. H.: Transport of ions across cellular membranes. Physiol. Rev. **29**, 127 (1949).

Wechselwirkung zwischen Gehirn und Leber.

Von

ELFRIEDE ALBERT.

Aus dem Institut für vegetative Physiologie der Universität Frankfurt am Main und aus der Frankfurter Forschungsstelle für Gehirnpathologie und Psychopathologie.

Es soll im folgenden nachzuweisen versucht werden, daß zwischen dem Gehirn und der Leber tatsächlich Beziehungen bestehen. Zunächst seien die klinischen Tatsachen vorgetragen, die diese Beziehung beweisen.

I.

Leberstörungen bei Geisteskranken.

Wir wollen den klinischen Teil mit seinem dunkelsten Gebiet beginnen, nämlich den endogenen Psychosen. Einen Teil davon hat man bereits im Altertum für abdominal, insbesondere von der Leber bedingt, angesehen. So glaubte HIPPOKRATES, daß die Melancholie durch eine Entzündung des Gehirns infolge schwarzer Galle hervorgerufen werde. Wir kennen auch heute die Ursache vieler geistiger Störungen noch nicht. Man ist aber den Beziehungen zur Leber gerade in den letzten Jahrzehnten wieder erneut nachgegangen. So fand man bei Depressiven Vermehrung des Serumbilirubins[1] und pathologischen Ausfall der Santoninprobe[2], bei Schizophrenen Urobilinurie[3] und besonders bei kataton Erregten Estersturz des Cholesterins[4]. Wir selbst haben auch eine ganze Anzahl Patienten mit verschiedenen geistigen Erkrankungen durch Belastung mit p-Oxyphenylbrenztraubensäure („Testacid Homburg") nach FELIX und TESKE[5] untersucht. Diese Methode erschien für unsere Fragestellung als besonders geeignet, da sie sehr empfindlich ist und sich an eine zentrale Funktion der Leber wendet, nämlich an ihre oxydative Leistungsfähigkeit. Alle untersuchten Fälle manischer oder depressiver Psychosen besaßen einen deutlichen Leberschaden, der teilweise so hochgradig war, wie man ihn sonst nur bei Cirrhosen findet[6].

Auch bei anderen phasischen Psychosen, d. h. den ohne Defekt ausheilenden Erkrankungen aus dem erweiterten manisch-depressiven Formenkreis und den schubweise verlaufenden sog. periodischen Schizophrenien war die Leber geschädigt (Tab. 1).

Tabelle 1. *Leberfunktionsstörungen bei phasischen und in Schüben verlaufenden Psychosen.*

Patient	Diagnose	Ausgeschiedene p-Obs in %
Lic.	Melancholie	59
Schm.	Melancholie	48
Jos.	Melancholie	27
Kle.	Melancholie	26
Paf.	Melancholie	37
Mich.	Melancholie	49
Gollh.	Melancholie	44
Zim.	Manie	30
He.	Manie	36
Sta.	Manie	56
Bode.	Manie	28
Sal.	Manie	27
Beh.	Angst-Eingebungspsychose	33
Holz.	Motilitätspsychose	33
Zel.	Angstpsychose	29
Kai.	Periodische Katatonie	22
Küch.	Periodische Katatonie	26
Widm.	Periodische Paraphrenie	31

Bei den schleichend verlaufenden, degenerativen Schizophrenien vermißten wir dagegen die Störung.

Die periodisch verlaufenden Psychosen zeichnen sich auch durch deutliche vegetative Erscheinungen aus (so Veränderungen des Turgor, der Pupillenweite, des Capillartonus, der Darmmotilität, des Menstruationsrhythmus usw.) und weisen so auf ein körperliches Krankheitsgeschehen hin. Dazu tritt der anscheinend regelmäßig faßbare Befund einer Leberstörung, der eng zu der psychischen Erkrankung zu gehören scheint. Wurde die Leber bei den gleichen Kranken mehrmals untersucht, so ergab sich, daß mit Abklingen der psychischen Störung der Leberschaden ebenfalls verschwand, aber zeitlich etwas hinter dem psychischen Zustand herschleppte.

Da die Psychose etwas vor Abklingen des Leberschadens verschwand, darf man vielleicht schließen, daß die Leber sekundär von

Tabelle 2. *Besserung der Leberfunktion mit Rückgang der Psychose.*

Patient	Diagnose	Datum	Ausgeschiedene p-Obs in %
Mielk.	Melancholie	18.—21. 2.	49
		16.—19. 3.	23
Herb.	Melancholie	1.— 4. 2.	27
		11.—13. 3.	12
Lic.	Melancholie	18.—24. 6.	59
		9.—13. 7.	27
Schm.	Melancholie	18.—24. 6.	48
		29.—31. 7.	20
Leich.	Melancholie	18.—23. 6.	44
		9.—12. 7.	22

der Gehirnstörung her beeinflußt ist und erst ausheilen kann, wenn letztere behoben ist. Auf das Gehirn als eigentlichen Ausgangsort der seelischen Erkrankung weisen ja auch die affektiven und psychomotorischen Symptome dieser Psychosen hin. Doch läßt es sich nicht mit Sicherheit entscheiden. In jedem Falle sieht man aber, daß bei gewissen Psychosen enge Beziehungen zwischen Leber und Gehirn bestehen.

Abgesehen von diesem noch recht unerforschten Gebiet der seelischen Störungen gibt es eine Reihe von Krankheiten, die beide Organe betreffen und auch anatomische Veränderungen in beiden Organen hervorrufen. Die einen gehen mutmaßlich vom Gehirn, die anderen von der Leber aus und ziehen erst sekundär das andere Organ in Mitleidenschaft.

Das Gehirn stört die Leber.

Daß man durch Stiche ins Gehirn oder durch affektive Erregungen, bei Tieren besonders durch Fesselung, Glucosurie hervorrufen kann, ist lange bekannt. Bei verschiedenen Gehirnkrankheiten können Hyperglykämie und Glucosurie auftreten, so bei Lues cerebri, progressiver Paralyse, multipler Sklerose, Hirnarteriosklerose und nach Hirntrauma. Hier wird die Leber wohl nur beeinflußt, nicht aber geschädigt. Beim emotionalen Ikterus dagegen dürfte die Leber durch zentrale Reize gestört sein. Paralysis agitans und postencephalitischer Parkinsonismus sind häufig von Störungen im Kohlenhydrat- und Gallenfarbstoffwechsel der Leber begleitet[7, 8, 9 u. a.] und die Autopsie ergab gelegentlich sogar eine Cirrhose[10] (KLEINE, GRAZIANI, WESTPHAL,

u. SIOLI usw.). Bei chronischem Hirndruck mit Schädigung des Bodens des III. Ventrikels wurde eine Hyperplasie des Hypophysenvorderlappens beobachtet und davon abhängig eine Hypertrophie der Nebennierenrinde und Verfettung der Leberacini[11]. Im Tierversuch wurde durch mechanische Reizung des Zwischenhirns ebenfalls Leberverfettung erzeugt[12]. Bei Hunden kam es durch Schädigung des Hypophysenstils zu Schädigung der Nieren, des Darmes und der Leber und nach Hypophysektomie entwickelten einige Tiere eine Lebercirrhose[13, 14].

In diesen Beispielen übt das Gehirn einen bedeutenden Einfluß auf die Leber aus und zwar auf nervösem oder humoralem Wege. Vielleicht könnte das kranke Gehirn noch durch falsche Stoffe, die es bildet, die Leber schädigen. Doch ist über eine solche Möglichkeit noch nichts bekannt.

Wir wissen zuverlässig, daß das Gehirn die Körperorgane in vielfältiger Weise beeinflußt und reguliert und nach RICKER und SPERANSKY soll das Nervensystem überhaupt der Ausgangsort aller Körpervorgänge sein, ja nach RICKER[15] ist selbst die Lebercirrhose zentral bedingt durch Veränderung der peripheren Strombahn. Dennoch muß auch das Gehirn unter dem Einfluß der übrigen Körperorgane, besonders der Leber stehen.

Die Leber beeinflußt das Gehirn.

Manche Leberkrankheiten weisen schon durch ihr klinisches Bild auf das Gehirn hin. So können beim einfachen Ikterus starke seelische Begleiterscheinungen auftreten und bei der Lebercirrhose stehen häufig neurologische und psychische Symptome sogar im Vordergrund. Bei der akuten gelben Leberatrophie kommt es regelmäßig zu cerebralen Erscheinungen, wie Erregungszustände, Krämpfe, Benommenheit und Delirien[16, 17]. Nach neurologischen Beobachtungen von ZILLIG u. a.[18, 19, 20, 21] sind bei der Mehrzahl der Leberkranken extrapyramidalmotorische Symptome nachzuweisen, beim leichteren Bild des Icterus parenchymatosus mehr in Form von psychomotorischer Akinese, beim Coma hepaticum als Bewegungsausfälle mit Starre, seltener choreatische Unruhe und Zittererscheinungen.

Sehr wichtig ist, daß man bei Leberschäden histologische Veränderungen im Gehirn gefunden hat[22, 23, 24]. Nach STADLER kann jegliche Art chronischer Lebererkrankung je nach Schwere des Leidens zu einer verschieden stark ausgeprägten Proliferation der Capillarendothelien und der Glia führen mit nackten ALZHEIMERschen Gliakernen und gelegentlich sogar zu einem Status spongiosus. Die Herde können symmetrisch auftreten, häufig in den Hirnstammganglien. Bei akuten Lebererkrankungen, so der akuten gelben Leberatrophie, sind dagegen die Veränderungen des Gehirns nur diffus und unspezifisch[25, 26]. Status spongiosus will man ferner bei Leberkrankheiten der Tiere beobachtet haben, so bei Leberkoller der Pferde[27], hochgradiger Leberdistomose und bei Leberechinococcus von Rindern, Schafen und Schweinen[28].

Diese anatomischen Befunde galten bis dahin als spezifisch für die hepatolenticuläre Degeneration (d. h. die WILSONsche Krankheit und die WESTPHAL-STRÜMPELLsche Pseudosklerose).

Bei diesen Erkrankungen ist die Leber grobknotig cirrhotisch. Die histologischen Veränderungen im Gehirn betreffen vor allem den Hirnstamm und sind dieselben wie die, die bei den chronischen Lebererkrankungen beschrieben worden sind, nur treten sie hier viel regelmäßiger auf und sind viel ausgeprägter.

Diese Gehirnveränderungen entstehen nach den neueren Ergebnissen der Neuropathologie[29, 30, 31] dadurch, daß an umschriebenen Stellen Plasma aus den Gefäßen in die graue Substanz übertritt. Solche serösen Durchtränkungen sieht man übrigens auch in anderen Organen. Sie kommen so zustande, daß die Gefäße durch Schädigung ihrer Endothelien durchlässiger werden. Je länger die Permeabilitätsstörung anhält, um so mehr nimmt das seröse Infiltrat zu. Auf diese Einlagerung antworten Glia und Bindegewebe der Capillarwände mit Proliferation. Wenn der Prozeß genügend lange dauert, entwickeln sich die nackten Gliakerne ALZHEIMERs als besondere Reaktionsform der Makroglia. Die Ganglienzellen werden erst sekundär verändert, wenn das plasmatische Infiltrat durch seinen Eiweißgehalt und seine Dichte ihre Atmung allmählich zum Erliegen bringt. Schließlich treten Lücken oder Höhlen im Gewebe, d. h. der Status spongiosus, auf. Der Prozeß bleibt bei der WILSONschen Krankheit nicht auf den Linsenkern (d. h. Pallidum und Putamen) beschränkt, sondern greift auch auf andere Stammhirnteile über, so auf das Caudatum und den Thalamus. Vor allem kommt es auch zu Veränderungen im Nucl. dentatus des Kleinhirns und auch zu solchen der Hirnrinde, in erster Linie im Bereich des Ammonshorns, eines entwicklungsgeschichtlich alten Teiles der

Hirnrinde. In etwa der Hälfte der Fälle wurde eine recessive Vererbung beobachtet[32]. Vielleicht besteht die Erblichkeit nur in einer besonderen Anfälligkeit der Leber, ähnlich wie bei Lebercirrhosen ein Anlagefaktor beteiligt sein soll[33]. In der Verwandtschaft der Kranken finden sich nämlich gehäuft Lebererkrankungen ohne Gehirnsymptome, und unter den Geschwistern der Patienten treten häufig schwere Abdominalerscheinungen auf als Folge einer Wilsonsklerose der Leber (Abdominal-Wilson[34]). Die Erkrankungen sind als frühe Wilsonfälle aufzufassen, die vor Ausbildung der cerebralen Symptome schon sterben[35, 36].

Vielerorts ist man heute überzeugt, daß die Erkrankung von der Leber ausgeht[18, 37 u. a.] Darauf soll u. a. auch hinweisen, daß Kupfer im Hirnstamm und im Auge abgelagert wird. Wenn das Parenchym der Leber geschädigt ist, soll nicht nur sie selbst mehr Kupfer enthalten, sondern auch das Blut, von dem es dann in die anderen Organe kommt[38]. Die Kupferanreicherung scheint das Gewebe zu schädigen, denn man hat beobachtet, daß BAL, welches das Kupfer im Gewebe bindet, die WILSONsche Krankheit bessert[39]. Für die Bedeutung der Leber spricht ferner, daß die Erkrankung um so rascher und progredienter verlaufen soll, je schwerer jene geschädigt ist[40].

Allerdings haben auch einige Autoren[15, 41 u. a.] die Auffassung vertreten, daß die Erkrankung vielleicht vom Gehirn ausgeht und dieses die Lebercirrhose verursacht. Das wird aber von anderen abgelehnt, da sich die Lebererkrankungen in den Sippen häufen, auch die Lebersymptome häufig den cerebralen Erscheinungen vorangehen und außerdem gleichartige Gehirnbefunde ja auch bei anderen Lebererkrankungen beobachtet werden können[42]. Trotzdem sollte man mit dieser Möglichkeit rechnen. Häufiger hat man auch daran gedacht, daß eine übergeordnete Stoffwechselstörung auf beide Organe einwirke. Man hat nämlich vereinzelt Fälle beobachtet mit extrapyramidalen Symptomen, die autoptisch die erwarteten histologischen Befunde aufwiesen, aber nur im Gehirn, während die Leber frei war[43, 44, 45]. Daraus hat man geschlossen, daß die Störung wohl beide Organe treffe, aber manchmal das Gehirn allein schädige. Die Fälle überzeugen allerdings z. T. nicht recht. So stützt sich die Diagnose der WILSONschen Krankheit hauptsächlich auf den Nachweis des Status spongiosus im Gehirn und auf die Gegenwart von ALZHEIMERschen Gliakernen. Doch kann das, wie gezeigt, nicht mehr als spezifischer Befund gewertet werden. Auf eine viel allgemeinere Körperstörung, die über Leber und Gehirn hinaus auch andere Organe betrifft, weisen ferner pathologische Veränderungen im Pankreas[46], Milzschwellung und eine gesteigerte Aminosäureausscheidung[47] hin, die von manchen Autoren auf eine erniedrigte Nierenschwelle zurückgeführt wird. Man sieht, der Ursprung der Erkrankung ist noch nicht geklärt, aber es spricht vieles für die führende Rolle der Leber.

Sehr ähnliche Gehirnveränderungen wie bei der WILSONschen Krankheit findet man auch noch bei einer Reihe anderer Erkrankungen, die alle mit der Leber zusammenhängen. Hierher gehört der Kernikterus, der beim Icterus gravis neonatorum auftritt. Bei diesem ist die Leber wahrscheinlich durch eine zellständige Rh-Antigenreaktion geschädigt. Symmetrische Gebiete der grauen Substanz erweichen und imbibieren sich nachträglich mit Galle. Die histologischen Befunde im Narbenstadium beweisen nach PENTSCHEW eine abgelaufene seröse Durchtränkung der grauen Substanz[31].

Auch die Kranke SCHALTENBRANDs ist hier zu nennen[48]. Bei ihr bestand eine alte LAENNECsche Lebercirrhose und später trat in apoplektiformen Schüben eine Chorea auf. Autoptisch waren Hirnstammkerne und Frontalrinde ähnlich wie oben geschildert verändert. Diese Hirnbefunde wurden auch in zwei Fällen[49] beobachtet, bei dem sie sich nach einer Leberschädigung durch Phosphorverbrennung und Arsenvergiftung entwickelt hatten. Auch im Gehirn von im Insulinschock verstorbenen Schizophrenen[50] und bei Hunden mit chronischer Insulinvergiftung[51] wurden die gleichen anatomischen Veränderungen im Gehirn beschrieben. Durch einfache Hypoglykämie waren sie jedoch bei den Tieren nicht hervorzurufen. Vielmehr war eine geschädigte, stark glykogenverarmte Leber Voraussetzung für ihre Entwicklung.

Schließlich wird auch bei experimentellen Schädigungen der Zusammenhang zwischen Leber und Gehirn offenbar. In Tierversuchen hat man die Leber in verschiedener Weise künstlich geschädigt, fand nachher aber nur diffuse, wenig charakteristische, degenerative Veränderungen im Gehirn (FUCHS, POLLAK, KIRSCHBAUM, RONEA, WILLEMI, MATTHEWS, PINKUSSEN, E. u. Ph. HURST u.a.). Neuerdings wurde über Versuche berichtet[52], wo Hunden neben dem Ductus choledochus der Ductus pancreaticus unterbunden worden war. Hierbei kam es neben schweren Leberveränderungen im Gehirn zu Befunden wie bei der WILSONschen Krankheit, was dafür spricht, daß der Kohlenhydratstoffwechsel bedeutungsvoll ist für die besprochenen Gehirnbefunde.

Der beträchtliche Einfluß der Leber auf das Gehirn zeigt sich auch darin, daß bei Vergiftung mit Nervengiften (Manganoxyd, Ultraseptyl) der Erfolg am Zentralnervensystem viel schneller eintrat, wenn gleichzeitig eine künstliche Leberschädigung gesetzt worden war[53]. Dasselbe kennen wir auch von der Alkoholvergiftung, die wahrscheinlich ebenfalls über eine Leberschädigung zum Delirium tremens führt[54, 55]. In der gleichen Weise kommt es bei der Eklampsie über eine Leberstörung zum Ausbruch cerebraler Erscheinungen[56].

Die Bedeutung der Blut-Hirnschranke.

Die geschilderten anatomischen Befunde im Gehirn werden heute auf eine erhöhte Permeabilität der Capillarendothelien zurückgeführt. Normalerweise sind die Capillaren des Gehirns für die meisten Stoffe nur sehr schwer durchgängig und dieses hält ihre hohe Permeabilitätsschwelle mit ungeheurer Zähigkeit aufrecht. Man spricht deshalb von einer Schranke, der Blut-Hirnschranke und der Blut-Liquorschranke. Die Existenz dieser Schranke bewies zum ersten Mal GOLDMANN[57]. Wenn er den Tieren Trypanblau in die Vene spritzte, färbten sich alle Organe an, nur Gehirn und Rückenmark blieben „schneeweiß". Die Schranke läßt die Farbe nicht eindringen. Wurde dagegen der Farbstoff in den Liquor eingebracht, so färbte sich das ganze ZNS von der Oberfläche her an. Die Farbe drang gleichmäßig in die oberste Schicht von Gehirn und Rückenmark ein und das Tier erlag stürmischen Vergiftungserscheinungen. Das nervöse Parenchym für sich allein kann sich also gegen das Eindringen des Farbstoffes nicht wehren. Während man früher glaubte, daß das Gehirn nur vom Liquor aus ernährt werde[58, 59], weiß man jetzt aus den grundlegenden Arbeiten von SPATZ[60], daß es über die Hirncapillaren ernährt wird. Die Capillarendothelien sind der Ort der Blut-Hirnschranke. Mit Trypanblau färben sich nur die Histiocyten in den Hirngefäßwänden an, während die Endothelien ungefärbt bleiben. SPATZ hatte bei seinen Bildern unmittelbar den Eindruck: „Der Farbstoff kann nicht aus den Capillaren heraus, er kann nicht ins Gewebe übertreten.“ Die Schranke wird durch einen Lebensvorgang aufrechterhalten; denn beim toten Tier färbt sich das ganze Gehirn von den Gefäßen her sofort an.

Die Blut-Liquorschranke liegt in der Innenhaut der Gefäße des Plexus und der weichen Häute. Sie ist etwas leichter durchgängig als die Blut-Hirnschranke, jedoch auch sehr resistent im Vergleich zu anderen Capillargebieten. Die Blut-Hirnschranke hat einige schwächere Stellen, so im Gebiet der Epiphyse, Hypophyse und des Tuber cinereum.

Durch diese Schranken soll offenbar das Gehirn vor schädlichen Stoffen aus dem Körper bewahrt werden und unter ihrem Schutz kann es sein eigenes Milieu erhalten. Die Nerven sind nicht in diesen Schutz mit einbezogen. Sie färben sich mit Vitalfarbstoffen, ebenso auch mit Gallenfarbstoff[60] und nehmen im Gegensatz zum Gehirn aus dem Blut große Mengen radioaktiven Phosphors auf[61].

Die Blut-Hirnschranke ist nur durch ganz massive Angriffe zu durchbrechen. Lediglich ein Faktor vermag sie verhältnismäßig leicht zu schädigen, nämlich Sauerstoffmangel oder Gifte, die einen Sauerstoffmangel herbeiführen[31]. Das gilt beim Menschen allerdings nur für das Capillarsystem der grauen Substanz, aber auch sie wird nicht gleichmäßig geschädigt, sondern weist besonders empfindliche Stellen auf, an denen die Schranke zuerst durchlässig wird. Am raschesten wird durch Sauerstoffmangel die Schranke im Pallidum und im Ammonshorn geschädigt[30, 62]. Dann folgen zunächst die übrigen Hirnstammkerne und später erst die Rinde. Auch durch Kohlenoxyd- und Cyanvergiftung wird elektiv das Pallidum geschädigt.

Die gleiche Reihenfolge der Lädierbarkeit haben wir auch bei den besprochenen Gehirnveränderungen schon angetroffen und deshalb nehmen Pentschew sowie Jakob[63] an, daß auch in diesen Fällen die Capillarwände durch Sauerstoffmangel geschädigt worden sind. Es sind also wohl die histologischen Veränderungen im Gehirn, die bei Erkankungen der Leber auftreten, durch eine lokale Schädigung der Blut-Hirnschranke infolge Sauerstoffmangels entstanden.

Es fragt sich aber, wie die Leber im Gehirn Sauerstoffmangel erzeugen kann. Pentschew vermutet ein Antihypoxydin, das die Leber normalerweise bilde und ans Gehirn abgebe, es jedoch bei Erkrankung nur ungenügend liefern könne.

Im Gehirn soll es so wirken, daß Sauerstoffmangel leichter ertragen werden kann, ähnlich wie der hypothetische Stoff REINS[64], der die Oxydationsvorgänge des Herzens unterstützen soll. Dieser hypothetische Stoff könnte aber auch ein ganz banales Produkt der Leber sein, mit dem das Gehirn vorzugsweise seine Verbrennungsprozesse unterhält. Wenn er ihm fehlt, dann nützt ihm auch der Sauerstoff nichts mehr.

Um wenigstens zu erfahren, in welcher Richtung dieses Produkt zu suchen ist, müssen wir noch einmal ganz kurz das rekapitulieren, was wir vom normalen Gehirnstoffwechsel wissen.

II.

Der normale Gehirnstoffwechsel und seine Abhängigkeit von der Leber.

Die Nervenzellen nehmen eine Sonderstellung ein unter allen anderen Körperzellen, da sie sich nicht mehr teilen, dafür aber z. T. sehr lange Fortsätze ausschicken, die ihre eigene Masse ganz gewaltig übertreffen. Das weist schon auf eine ganz besondere Funktion des nervösen Parenchyms hin. Seine Aufgabe ist, Erregungen zu leiten, zu schalten und auch selbst zu erzeugen und es erfüllt sie dadurch, daß es ein ausgedehntes System feiner, gut gegeneinander isolierter Leitungsbahnen und Schaltstellen ausbildet. Bei der Reizübermittlung spielt das Acetylcholin eine wichtige Rolle. Nach NACHMANSOHN[65] soll es ständig im Rhythmus der Aktionsströme gebildet und wieder zerstört werden. Für die Synthese wird Energie benötigt. Das Gehirn bezieht sie, genau wie die anderen Organe auch, zum größten Teil aus dem Citronensäurecyclus und der oxydativen Phosphorylierung an der Atmungskette. Wie WEIL-MALHERBE berichtet hat, wird der Citronensäurecyclus im Gehirn fast ausschließlich durch Zucker gespeist. Es geht auch daraus hervor, daß das Gehirn gegen Zuckermangel genau so empfindlich ist wie gegen Sauerstoffmangel und daß es trotz reichlich vorhandenen Sauerstoffs diesen nicht nützen kann, wenn kein Zucker vorhanden ist[66]. So kommt es bei Insulinhypoglykämie zu irreversiblen Nervenzellschädigungen. Der Zucker muß ständig von der Leber nachgeliefert werden. Glucose ist also das erste und wohl wichtigste „Antiphypoxydin“. Neben der Glucose kommen als Energiespender vielleicht noch die Ketonkörper in Frage[67], aber nicht die langen Fettsäuren[68].

Das Gehirn ist in eine feste Schale eingeschlossen und kann sich nicht ausdehnen. Deshalb kann es keine größeren Vorräte anlegen und ist auf den ständigen Nachschub aus der Leber angewiesen. Neben Glucose liefert die Leber dem Gehirn noch Aminosäuren. Wie HYDEN gezeigt hat, wird in der Nervenzelle ständig Eiweiß verbraucht, vermehrt bei verstärkter Tätigkeit, und wird in der Erholung wieder neu gebildet. Das Gehirn ist mit der Niere das an Aminosäuren reichste Organ[69], baut aber vorzugsweise nur Glutaminsäure ab. Diese bindet zwar vor allem Ammoniak[70], scheint aber auch eine wichtige Rolle im Citronensäurecyclus zu spielen und bringt ihn wahrscheinlich wieder in Gang, wenn er einmal abgerissen ist. Wahrscheinlich kann sie nicht nur über Desaminierung zur α-Ketoglutarsäure in den Cyclus eingehen, sondern auch über Decarboxylierung zu γ-Aminobuttersäure, denn im Gehirn findet sich eine besondere Glutaminsäuredecarboxylase[71, 72]. Die γ-Aminobuttersäure kann möglicherweise zu Bernsteinsäure desaminiert und oxydiert werden.

Die im Citronensäurecyclus und beim Elektronentransport gebildete Energie wird, wie überall im Körper, in Form der energiereichen Phosphatverbindungen gespeichert. Sie werden nur in Gegenwart von Sauerstoff aufgebaut und verschwinden bei Anoxie und Cyanvergiftung im Gehirn zu Gunsten der energiearmen Glucosephosphate und des anorganischen Phosphors[73].

Die Energie wird im Zentralnervensystem nicht nur für die Synthese von Acetylcholin, also die Erregungsleitung benötigt, sondern auch für andere synthetische Prozesse, so die oben erwähnte Bildung von Eiweiß, für den Aufbau von Cofermenten aus Vitaminen[74] und sicher auch von Lipoiden und Nucleinsäuren. Außerdem wird Energie für die osmotische Arbeit benötigt. Die Nervenzellen haben zunächst dieselben osmotischen Leistungen zu vollbringen wie die anderen Körperzellen auch. In den Organzellen herrscht ein höherer osmotischer Druck als im Blutplasma und es muß ständig Energie aufgewendet werden, um das einströmende Wasser wieder herauszupumpen und den intracellulären Druck auf seinem Niveau zu erhalten[75]. Eine besonders wichtige osmotische Leistung aber, die spezifisch für das Gehirn ist, ist die Erhaltung der hohen Permeabilitätsschwelle der Hirncapillaren, also der Blut-Hirnschranke. Die Aufrechterhaltung der Schranke ist, wie bereits erwähnt, an einen Lebensvorgang gebunden und wird durch Sauerstoffmangel rasch und tiefgreifend gestört, was ihn als energieverzehrenden Prozeß kennzeichnet. Wahrscheinlich verbraucht dieser Prozeß die meiste Energie, da er durch Sauerstoffmangel zuerst leidet. Das ist auch verständlich, denn nur unter dem Schutz der Schranke können die empfindlichen nervösen Schaltvorgänge ungestört ablaufen. Wahrscheinlich produzieren die Capillarendothelien selbst diese Kraft nicht, sondern die Ganglienzellen. Die Pathologen schließen zwar aus den Zellbildern, daß die Endothelien zuerst geschädigt werden, denn diese lassen das plasmatische Exsudat durchtreten, bevor man noch histologische Veränderungen an den Ganglienzellen beobachten kann[30, 31, 76]. Vom physiologischen Standpunkt kann man jedoch dagegen einwenden, daß die Nervenzellen trotzdem bereits funktionell geschädigt sein können. Es liegt jedenfalls näher, diese als Ausgangsort der energetischen Minderleistung und damit der Schrankeninsuffizienz anzuschuldigen, weil sie viel empfindlicher gegen Sauerstoffmangel sind als die meisten Körperzellen, insbesondere wohl als die vom Bindegewebe abstammenden Gefäßwandzellen. Der Aufbau des Capillarsystems ist ja in allen Organen in etwa der gleiche. Aber seine Permeabilität unterscheidet sich in den einzelnen Organen grundlegend, was auf die Eigenheit der Parenchymzellen zurückgeführt werden muß.

Tabelle 3. *Fermente, die im Gehirn aufgefunden wurden.*

Ferment	Literatur
Cytochromoxydase	73,78
Cytochrom b und c	73,78
Gelbes Atmungsferment	79
Carboxylase	74,80
Transaminase	81
Dipeptidase	84,85
Monoaminooxydase	82,83
Glutaminsäuredecarboxylase	71,72
Coenzym A	86
Codehydrase I und II	87,88
Diphosphopyridinnucleotidase	77
Kohlensäureanhydratase	89
Cholinesterase	90
Adenylpyrophosphatase	91
5-Nucleotidase	92
Phosphoamidase	93
Phosphatase (sauer und alkalische)	94,95
Hexokinase	96,97
Phosphohexokinase	96,97
Fumarsäuredehydrogenase	98
Äpfelsäuredehydrogenase	98

Damit alle die energieliefernden und energieverzehrenden Prozesse geordnet ablaufen können, müssen genügend Fermente vorhanden sein, bzw. Vitamine oder Metalle, aus denen das Gehirn die Cofermente aufbaut. Die Fermente werden wahrscheinlich jedesmal nach Erfüllung ihrer Aufgabe wieder abgebaut. Man hat jedenfalls im Gehirn ein Ferment aufgefunden, die Diphosphopyridin-Nucleotidase[77], das die Codehydrase I abbaut. Die Leber muß daher ständig die erforderlichen Bausteine für die Fermente nachliefern (Tabelle 3).

Tabelle 4. *Auswirkungen von Vitaminmangel im Zentralnervensystem.*

Mangel an Vitamin	Bestandteil von	Folgen im ZNS
A	?	Degeneration von Strängen im Rückenmark
E	?	Schädigung der Vorderhornzellen, Pyramidenbahnen und sensiblen Bahnen. Lähmung der Hinterbeine. Bei Küken Encephalomalacie
H (Biotin)	Coenzym R	Fortschreitende Lähmungen (Hund)
B_1	Cocarboxylase	Degeneration von Nervenzellen, Markscheidenschwund an verschiedenen Bahnen, Schädigung der peripheren Nerven. Psychische Störungen
B_2	Gelbes Atmungsferment	Degeneration von Teilen des ZNS und Schädigung der Nervenendigungen (Huhn). Irreversible Lähmungen (Schwein)
Nicotinsäureamid	Codehydrase I und II	Degeneration der Pyramidenbahnen und Hinterstränge. Psychische Störungen
Pantothensäure	Coenzym A	Markscheidendegeneration im Rückenmark (Huhn). Lähmung der hinteren Körperhälfte (Schwein)
B_6	Transaminase Aminosäuredecarboxylase	Hund und Schwein: Krämpfe, Degeneration im peripheren und zentralen Nervensystem. Affe: Zusätzlich Ataxie. Mensch: Ataxie, Starre, Muskelatrophie und Muskelhärten
B_{12}	Desoxyribonucleotidase	Degeneration der langen Bahnen im Rückenmark. (Funiculäre Myelose)

Außer der im Text angeführten Literatur stützen sich die Angaben auf das Vitaminvademecum der Hoffmann-La Roche AG., 1952.

Von wichtigen Fermenten scheint das Gehirn dennoch gewisse Vorräte anlegen zu können, denn der Bestand an Codehydrase[87] und Cocarboxylase[111] wird zäh aufrechterhalten, selbst wenn bereits im übrigen Körper deutlicher Mangel herrscht. Verarmt das Gehirn daran, so treten rasch psychische und neurologische Symptome auf. Überhaupt scheint bei Vitaminmangel verschiedenster Art immer das Gehirn am schwersten zu leiden, denn bei den meisten Avitaminosen treten organische Schädigungen im Zentralnervensystem auf, obwohl wir von manchen noch gar nicht wissen, welche Funktion sie dort erfüllen. Wahrscheinlich sind sie ebenfalls in Cofermente eingebaut oder beteiligen sich wie das Vitamin C in anderer Weise am intermediären Stoffwechsel (Tabelle 4).

Bei Vitamin A-Mangel können im Rückenmark Stränge degenerieren. Mangel an Vitamin E erzeugt Lähmung der Hinterbeine und bei Küken entwickelt sich eine Encephalomalacie[99]. Vielleicht ist bei E-Mangel der Energiestoffwechsel gestört, weil dabei das Kreatin nicht mehr richtig verwertet werden kann. Durch Mangel an Vitamin H (Biotin) kommt es bei Hunden zu fortschreitenden Lähmungen. Sein noch nicht näher bekanntes Coferment, das Coenzym R, soll wahrscheinlich Wasserstoff und Kohlendioxyd übertragen und dadurch für die Umsetzung der Brenztraubensäure wichtig sein. Besonders wichtig sind die Vitamine der B-Gruppe. Fehlt B_1, so kommt es zur Degeneration der Nervenzellen und Schwund der Markscheiden verschiedener Bahnen und auch peripherer Nerven. Diese Schäden entstehen durch Anhäufung von Brenztraubensäure in den Ganglienzellen, die nicht mehr decarboxyliert werden kann. Besteht Mangel an B_2, also an der prosthetischen Gruppe des gelben Atmungsfermentes, so kommt es beim Huhn zur Degeneration von Nervenenden und Teilen des Zentralnervensystems, bei Schweinen zu irreversiblen Lähmungen[100]. Bei ungenügender Versorgung mit Nicotinsäureamid, dem Bestandteil der Codehydrase I und II, können neben psychotischen Erscheinungen die Pyramidenbahnen und Hinterstränge degenerieren. Fehlt Pantothensäure, der Bestandteil des Coenzyms A, so treten bei Küken Markscheidendegeneration im Rückenmark auf[101] und bei Schweinen Lähmung der hinteren Körperhälfte[102]. Durch B_6-Avitaminose, was Mangel an Transaminase und Aminosäuredecarboxylase bedeutet, kommt es bei Hund und Schwein zu epileptiformen Krämpfen und Degeneration im peripheren und zentralen Nervensystem. Beim Affen tritt dazu noch Ataxie auf. Die Symptome beim Menschen sollen in Ataxie, Starre, Schwäche und Muskelatrophie bestehen. Durch Mangel an B_{12} endlich, das wahrscheinlich Bestandteil der Desoxyribonucleotidase ist, kommt es zu Degeneration der langen Bahnen im Rückenmark, wie man es bei der funiculären Myelose findet.

Man ersieht aus dieser Aufzählung, daß die degenerativen Veränderungen bei Vitaminmangel nicht für einen jeden Stoff verschieden zu sein scheinen, sondern sich immer wieder meist in Strangdegeneration oder in Nervenzellschädigung äußern. Wenn es allerdings gelänge, die einzelnen Vitaminmangelerscheinungen noch genauer neuropathologisch zu differenzieren, könnte man daraus vielleicht Rückschlüsse ziehen auf örtlich besonders im Vordergrund stehende Stoffwechselvorgänge.

Da das Gehirn auf den dauernden Nachschub aus der Leber angewiesen ist und einen sehr lebhaften Stoffwechsel hat, ist es so sehr von der Leber abhängig. Diese muß ihm Glucose liefern als Brennstoff, Aminosäuren zum Aufbau der Eiweißkörper, ferner die Bausteine für Lipoide und Nucleinsäuren, weiter anorganisches Phosphat und schließlich Vitamine oder Metalle, aus denen sie die Fermente aufbaut. Schon leichte Schädigungen der Leber werden sich im Gehirn erheblich auswirken können, und Störungen des Gehirnstoffwechsels sind nach diesen Überlegungen geradezu zu erwarten. Die Oxydationsvorgänge werden in erster Linie durch Mangel an Zucker oder Fermenten und auch Glutaminsäure beeinträchtigt, so daß diese Stoffe zuerst als „Antihypoxydine“ anzusprechen sind.

Nun bleibt noch eines zu besprechen: warum nämlich die geschilderten Gehirnveränderungen bestimmte graue Gebiete bevorzugen. Diese müssen sich wohl vor den anderen Hirngebieten durch besondere Empfindlichkeit gegen Mängel auszeichnen. Allerdings ist noch wenig bekannt über Stoffwechseleigentümlichkeiten einzelner Hirngebiete.

Stoffwechsel einzelner Hirngebiete.

Die graue Substanz zeichnet sich vor der weißen dadurch aus, daß sie einen deutlich höheren Sauerstoffverbrauch[103] hat, mehr radioaktiven Phosphor aufnimmt[61] und mehr Fermente enthält. So soll sie doppelt so viel Lactoflavin[79], 3—4 mal so viel

Codehydrase[104] und 10—20mal so viel Cholinesterase[90] enthalten als die weiße Substanz. Die einzelnen Rindenbezirke zeigen geringe Unterschiede in der Aufnahme von P^{32}, jedoch verhalten sich kongruente Teile in den beiden Hemisphären gleich[61]. Nur die Rinde des Kleinhirns nimmt eine ganz besondere Stellung ein. Sie hat den höchsten Sauerstoffverbrauch von allen Teilen des Nervensystems. Gleichzeitig hat sie auch den höchsten Vitamin C-Gehalt und den höchsten Kaliumgehalt[105, 106]. In ähnlicher Stärke findet sich die Ascorbinsäure im übrigen Körper nur noch in der Hypophyse und der Nebennierenrinde. Aus den übrigen Rindenregionen hebt sich noch das Ammonshorn durch einen höheren Vitamin C-Gehalt ab, der 3mal so hoch ist als in den übrigen Großhirnrindenabschnitten[105]. Wahrscheinlich ermöglicht der hohe Vitamin C-Gehalt vermehrt oxydative Vorgänge und erbringt so einen höheren Energiegewinn[107]. Nur ist es nicht verständlich, daß gerade das Kleinhirn einen solch hohen Energiebedarf haben soll. Möglicherweise bedeutet eben doch die übergeordnete Schaltfunktion und die dauernde Kontrolle über die Aufrechterhaltung des Gleichgewichtes und die Wohlausgewogenheit der Bewegungen eine ungeahnt starke Beanspruchung.

Die Hirnstammganglien endlich sind für unsere Fragestellung von besonderem Interesse. Mit Ausnahme des Striatums zeigen sie einen niedrigeren Sauerstoffverbrauch als die Rinde[103] und sind nicht so empfindlich gegen Sauerstoffmangel als diese. Auch nehmen sie weniger radioaktiven Phosphor aus dem Blute auf[61], was alles auf einen trägeren Stoffwechsel hinweist. Gleichzeitig zeichnen sich diese Kerne aber durch einen hohen Eisengehalt aus, besonders die Zellen des Globus pallidus, des Nucleus ruber und der Substantia nigra[108]. Diese gibt das deutlichste Cytochromabsorptionsspektrum[78]. Man kann daraus schließen, daß das Eisen wohl zum großen Teil als Atmungsferment vorliegt. Das würde aber gerade auf eine große Sauerstoffaufnahme hindeuten. Die Hirnstammganglien enthalten gleichzeitig viel Lactoflavin, was in den einzelnen Hirnabschnitten dem Eisengehalt parallel gehen soll[109]. Da diese Kerne jedoch relativ wenig Sauerstoff verzehren, muß die Anreicherung an Atmungsfermenten vielleicht so gedeutet werden, daß dadurch die geringe Menge verfügbaren Sauerstoffs möglichst günstig ausgenützt zu werden vermag. Anscheinend verbleibt aber noch ein Mißverhältnis zwischen Energiebedarf und Gewebsatmung.

Wir wissen nämlich, daß die Hirnstammganglien besonders reich sind an Acetylcholin und Cholinesterase[110], was durch die übergeordnete Schaltfunktion erklärt wird und wofür sie also viel Energie aufwenden müssen. Normalerweise reicht die Gewebsatmung aus, wird aber bei geringen Schädigungen leicht insuffizient. Wurden die Versuchstiere krank, so nahm ihr Pallidum plötzlich so viel P^{32} auf wie die Leber[61]. Die Gewebsatmung dieser Gebiete wird offenbar durch Sauerstoffmangel besonders rasch vermindert, was auch aus der großen Anfälligkeit des Pallidum gegen Kohlenoxyd und Cyan hervorgeht. Daher ist es verständlich, daß die Blut-Hirnschranke gerade in den Hirnstammganglien am ehesten leidet, wenn eine kranke Leber das Gehirn nicht mehr genügend mit Brennstoffen, Baustoffen oder Fermenten versorgen kann.

Literatur.

1 BÜCHLER, P.: Arch. f. Psychiatr. **73**, 610 (1925); **102**, 98 (1934).
2 GÖKAY, F. K., u. N. POLVAN: Z. Neur. **165**, 470 (1939).
3 BÜCHLER, P.: Orv. Hetil. (ung.) **69**, 250 (1925); Ref. Zbl. Neur. **41**, 282 (1925).
4 GREVING, H.: Nervenarzt **13**, 1 (1940).
5 FELIX, K., u. R. TESKE: Hoppe-Seylers Z. **267**, 173 (1941).
6 ALBERT, E.: Nervenarzt **20**, 542 (1949).
7 v. JOO, B.: Med. Klin. **27**, I, 697 (1931).
8 STERN, F., u. R. MEYER-BISCH: Klin. Wschr. **1922 II**, 1559.
9 RUNGE, W., u. E. HAGEMANN: Arch. f. Psychiatr. **72**, 114 (1925).
10 KLEINE, GRAZIANI, WESTPHAL u. SIOLI u. a.: Zit. nach F. STERN in BUMKE-FOERSTERs Handbuch der Neurologie, Bd. XIII, S. 419. Berlin 1936.
11 KRAUS, E. J.: Frankf. Z. Path. **50**, 429 (1937).
12 RAAB, W.: Z. ges. exper. Med. **53**, 317 (1926).
13 CHAIKOFF, I. L., C. ENTENMAN, J. F. RINEHART and F. L. RINEHART: Proc. Soc. Exper. Biol. a. Med. **54**, 170 (1943).
14 GRAEF, J., J. NEGRIN and I. H. PAGE: Amer. J. Path. **20**, 823 (1944).
15 RICKER, G.: Z. Neur. **140**, 725 (1932).
16 LIEBERMEISTER, C.: Beiträge zur pathologischen Anatomie und Klinik der Leberkrankheiten. Tübingen 1864.
17 EPPINGER, H.: Die Leberkrankheiten. Wien: Springer-Verlag 1937.
18 ZILLIG, G.: Arch. f. Psychiatr. **181** (1948); Nervenarzt **18**, 297 (1947).
19 DAMSCH, O., u. A. CRAMER: Berl. klin. Wschr. **1898**, 277.
20 STOKES, J. F., J. R. OWEN and E. G. HOLMES: Brit. Med. J. **2**, 642 (1945).
21 ADAMS, R. D., and J. M. FOLEY: Trans. Amer. Neur. Assoc. **74**, 217 (1949).
22 SCHERER, H. J.: Virchows Arch. **228**, 333 (1933).
23 STADLER, H.: Z. Neur. **154** (1936); **164** (1939).

[24] BAKER, A. B.: J. of Neuropath. 8, 283 (1949).
[25] KIRSCHBAUM, W.: Z. Neur. **77**, 536 (1922).
[26] RAPOPORT, B. I.: Z. Neur. **126**, 473 (1930).
[27] DOBBERSTEIN, J.: Dtsch. tierärztl. Wschr. **34**, 501 (1926).
[28] HEIDEGGER, E.: Arch. Tierheilk. **69**, 329 (1935).
[29] HALLERVORDEN, J.: Dtsch. Z. Nervenheilk. **150**, 201 (1940).
[30] SCHOLZ, W.: Arch. f. Psychiatr. **181**, 621 (1949).
[31] PENTSCHEW, A.: Arch. f. Psychiatr. **185**, 345 (1950).
[32] ANDRÉ, M. J., et L. VAN BOGAERT: Encéphale **38**, 1 (1950).
[33] GUTZEIT, K., u. W. LEHMANN: Handbuch der Erbbiologie des Menschen, Bd. IV/2, S. 645, 1940.
[34] KEHRER, F.: Z. Neur. **129**, 488 (1930).
[35] LÜTHY, F.: Dtsch. Z. Nervenheilk. **123**, 101 (1931).
[36] BARNES, ST., and E. W. HURST: Brain **48** (1925), **49** (1926), **52** (1929).
[37] PENTSCHEW, A.: Nervenarzt **20**, 220 (1949).
[38] KEIDERLING, W.: Med. Mschr. **2**, 37 (1948).
[39] DENNY-BROWN, D., and H. PORTER: New England J. Med. **245**, 917 (1951).
[40] HERZ, E., and A. L. DREW: Arch. of Neur. **63**, 843 (1950).
[41] CURSCHMANN, H.: Med. Klin. **1934** I, 458.
[42] JOSEPHY, H.: In Bumke-Forster's Handbuch der Neurologie, Bd. XVI, S. 827, 1936.
[43] WIMMER, A.: Revue neur. **1921**, 1929 I.
[44] BRZEZICKI, E.: Neur. polska **19**, 191; Ref. Zbl. Neur. **86**, 119 (1937).
[45] EICKE, W. J.: Arch. f. Psychiatr. **114**, 214 (1942).
[46] v. LEHOCZKY, T.: Arch. f. Psychiatr. **95**, 481 (1931); **102**, 260 (1934). — Dtsch. Z. Nervenheilk. **141**, 28 (1936).
[47] COOPER, A. M., R. D. ECKHARDT, W. W. FALCON and C. S. DAVIDSON: J. Clin. Invest. **29**, 265 (1950).
[48] SCHALTENBRAND, G.: Dtsch. Z. Nervenheilk. **91** (1926).
[49] PETERS, G.: Dtsch. Z. Nervenheilk. **168**, 281 (1952).
[50] HEMPEL, J.: Z. Neur. **173**, 210 (1941).
[51] TÖBEL, FR.: Dtsch. Z. Nervenheilk. **159**, 461 (1948). — Z. ges. exper. Med. **117**, 319 (1951).
[52] WAGGONER, R. W., and N. MALAMUD: J. Nerv. a. Ment. Dis. **96**, 410 (1942).
[53] CSAJAGHY, M., u. B. PURJESZ: Ref. Zbl. Neur. **104**, 305 (1943/44).
[54] BOSTROEM, A.: Z. Neur. **68**, 48 (1921).
[55] YASARGIL, G.: Inaug.-Diss. Univ. Basel. Zürich 1950.
[56] HELLER, L.: Z. Geburtsh. **135**, 94 (1951).
[57] GOLDMANN, E. E.: Abh. preuß. Akad. Wiss., Physik.-math. Kl. **1**, 1—60 (1913).
[58] STERN, L.: C. r. Soc. Biol. Paris **98**, 1518 (1928).
[59] HAUPTMANN, A., u. W. GÄRTNER: Z. Neur. **140**, 527 (1932).
[60] SPATZ, H.: Arch. f. Psychiatr. **101**, 267 (1934).
[61] ROEDER, F.: „^{32}P im Nervensystem". Göttingen: Muster-Schmidt 1948.
[62] SCHOLZ, W.: Briefliche Mitteilung, zit. nach A. PENTSCHEW: Arch. f. Psychiatr. **185**, 345 (1950).
[63] JAKOB, H.: Arch. f. Psychiatr. **180**, 1 (1948).

[64] REIN, H.: Klin. Wschr. **21** II, 873 (1942).
[65] NACHMANSOHN, D.: Vitamins and Hormones, Vol. III, 1948.
[66] HIMWICH, H. E., K. M. BOWMAN, C. DALY, J. F. FAZEKAS, J. WORTIS and W. GOLDFARB: Amer. J. Physiol. **132**, 640 (1941).
[67] SHIPLEY, R. A.: Amer. J. Physiol. **141**, 661 (1944).
[68] JOWETT, M., and J. H. QUASTEL: Biochemic. J. **29**, 2181 (1935).
[69] FRIEDBERG, F., and D. M. GREENBERG: J. of Biol. Chem. **168**, 405 (1947).
[70] WEIL-MALHERBE, H.: Biochemic. J. **30**, 665 (1936).
[71] ROBERTS, E., and S. FRANKEL: J. of Biol. Chem. **187**, 55 (1950).
[72] WINGO, W. J., and J. AWARPARA: J. of Biol. Chem. **187**, 267 (1950).
[73] ALBAUM, H. G., J. TEPPERMAN and O. BODANSKY: J. of Biol. Chem. **164**, 45 (1946).
[74] OCHOA, S.: Biochemic. J. **33**, 1262 (1939).
[75] KREBS, H. A.: Kongreß für innere Medizin 1952.
[76] RÖSSLE, R.: Verh. dtsch. Path. 1944.
[77] UTTER, M. F., H. G. WOOD and J. M. REINER: J. of Biol. Chem. **161**, 197 (1945).
[78] HUSZÁK, ST.: Biochem. Z. **298**, 137 (1938).
[79] GOURÉVITCH, A.: Bull. Soc. Chim. biol. (Paris) **19**, 527 (1937). — Ann. Rev. Biochem. **8**, 455 (1939).
[80] BANGA, I., S. OCHOA and R. A. PETERS: Biochemic. J. **33**, 1109 (1939).
[81] KRITZMANN, M. G.: Enzymologia **5**, 4 (1938); **2**, 129 (1937).
[82] BHAGVAT, K., H. BLASCHKO and D. RICHTER: Biochemic. J. **33**, 1338 (1939).
[83] LARNER, J., B. J. JANDORF and W. H. SUMMERSON: J. of Biol. Chem. **178** (1949).
[84] BLUM, E., A. I. YAKOVCHUK u. A. J. YARMOSHKEVICH: Bull. biol. med. exper. URSS **1**, 15 (1936)
[85] POPE, A., and C. B. ANFINSEN: J. of Biol. Chem. **173**, 305 (1948).
[86] LIPMANN, F., N. O. KAPLAN, G. D. NOVELLI, L. C. TUTTLE and B. M. GUIRARD: J. of Biol. Chem. **167**, 869 (1947).
[87] AXELROD, A. E., R. J. MADDEN and C. A. ELVEHJEM: J. of Biol. Chem. **131**, 85 (1939).
[88] v. EULER, H., u. M. MALMBERG: Biochem. Z. **284**, 455 (1936).
[89] ASHBY, W., and E. BUTLER: J. of Biol. Chem. **175**, 425 (1948); **184**, 109 (1950).
[90] NACHMANSOHN, D.: Nature (Lond.) **140**, 427 (1937).
[91] MEYERHOF, O.: Arch. of Biochem. **13**, 485 (1947); **14**, 71 (1947).
[92] REIS, J.: Enzymologia **2**, 110 (1937).
[93] SCHARRER, E., and J. SINDEN: J. Comp. Neur. **91**, 331 (1949).
[94] JOSEPHY, H.: Arch. of Neur. Febr. 1949.
[95] FLEISCHHACKER, H. H.: J. Ment. Sci. **84**, 947 (1938).
[96] RACKER, E.: J. of Biol. Chem. **167**, 843 (1947).
[97] WIEBELHAUS, V. D., and H. A. LARDY: Arch. of Biochem. **21**, 321 (1949).
[98] GREEN, D. E., and J. BROSTEAUX: Biochemic. J. **30**, 629, 1489, 2095 (1936).
[99] DAM, H., J. GLAVIND, O. BERNTH and E. HAGENS: Nature (Lond.) **142**, 1157 (1938).

[100] HUGHES, E. H.: Nutrition **17**, 527 (1939).
[101] PHILIPS, P. H., and R. W. ENGEL: Nutrition **18**, 227 (1939).
[102] CHICK, H., T. F. MACRAE, A. J. P. MARTIN and C. J. MARTIN: Biochemic. J. **32**, 2207 (1938).
[103] DIXON, TH. F., and A. MEYER: Biochemic. J. **30**, 1577 (1936).
[104] SYM, E., R. NILSSON u. H. v. EULER: Hoppe-Seylers Z. **190**, 228 (1930).
[105] HORANYI-HECHST, B.: Nervenarzt **13**, 172 (1940).
[106] TUPIKOVA, N., and R. W. GERARD: Amer. J. Physiol. **119**, 414 (1937).
[107] ELLIOTT, K. A. C., and B. LIBET: J. of Biol. Chem. **152**, 617 (1944).
[108] SPATZ, H.: Arch. f. Psychiatr. **78**, 641 (1922).
[109] LEEMANN, H., u. E. PICHLER: Arch. f. Psychiatr. **114**, 265 (1942).
[110] NACHMANSOHN, D., M. A. ROTHENBERG and E. A. FELD: Arch. of Biochem. **14**, 197 (1947).
[111] STIRN, F. E., A. ARNOLD and C. A. ELVEHJEM: Nutrition **17**, 485 (1939)

Diskussion.

SPATZ (Gießen): „Ich danke Ihnen für Ihren anregenden Vortrag. Sie haben über ein sehr schwieriges, aber uraltes Problem die vielseitige Literatur zusammengestellt, durch eigene Untersuchungen zu einer Lösung beigetragen und den Mut zu einer Synthese gehabt. Ich schlage vor, daß zuerst die biochemischen Zusammenhänge diskutiert werden.“

STAUDINGER (Mannheim): Man könnte daran denken, daß ein inkretorisches Organ vielleicht als Mittler oder auch als Ursache bei dieser Relation Leber-Gehirn eine Rolle spielt. Dafür sprechen unter Umständen die Versuche von PINCUS in Amerika. Er machte Versuche an durchströmten Nebennieren und hat eine genaue Aufstellung der normalen Sekretionsprodukte tierischer und neuerdings auch menschlicher Nebennieren, die nach Operationen gewonnen wurden, gegeben. Ein Schüler von PINCUS berichtete kürzlich in Bristol, daß die Nebennieren, die von Schizophrenen bei Operationen gewonnen wurden, abwegige Steroide sezernierten. Er diskutierte, ob evtl. die Krankheit Schizophrenie mit diesen abwegigen Steroiden irgendwie zusammenhängen könnte. Ich selbst möchte persönlich sehr zurückhaltend sein in der Beurteilung, was hier Ursache und was Wirkung ist. Aber als Beobachtung sollte man das nicht übersehen, zumal wir ja wissen, daß auch der Leberstoffwechsel außerordentlich abhängig ist von einer normalen Funktion der Nebennierenrinde.

SCHULER (Bonn): Vom Standpunkt des inneren Klinikers möchte ich anzweifeln, ob wirklich so häufig Gehirnsymptome bei Leberkrankheiten auftreten. Die symptomatischen Psychosen bei Leberkrankheiten unterscheiden sich sicher nicht von symptomatischen Psychosen bei Erkrankungen der Nieren oder irgendeines anderen Organs. Neben diesen gibt es noch infektiöse Erkrankungen, die Leber und Gehirn gleichzeitig befallen, bei denen also die cerebralen Störungen auf die gleiche Ursache zurückgehen wie die Leberkrankheit. Und dann bleiben die Krankheiten, bei denen eine engere Beziehung zwischen Leber und Gehirn besteht. Das Beispiel ist die WILSONsche Krankheit, die eine sehr seltene Erkrankung ist, von der immer noch nicht ganz klar ist, ob der primäre Sitz des Leidens im

Gehirn oder in der Leber liegt. Sicher gibt es bei Cirrhosen und bei allen möglichen anderen chronischen Leberstörungen tatsächlich Nervenstörungen. Aber unter den vielen Fällen, die ich an Lebererkrankungen behandelt habe, konnte ich nur bei sehr wenigen eindeutige Störungen der Gehirnfunktion finden.

ALBERT: Es kommt bei diesen Beobachtungen sehr auf die Art der Untersuchung an. Die extrapyramidal-motorischen Zeichen werden vielleicht doch leicht übersehen und man muß besonders auf sie achten. Eine Akinese etwa springt ja wenig in die Augen und wenn man nur auf Beobachtung und Behandlung der Leber eingestellt ist, wird man vielleicht denken, der Patient verhält sich eben ruhig, er ist ja krank. Wenn man jedoch als Psychiater oder Neurologe an das Bett tritt, wird einem doch das Symptom als Akinese auffallen.

KLEIST (Frankfurt): Ich bin an diesen Untersuchungen, die Frl. ALBERT erwähnt hat und die Herr ZILLIG damals an meiner Klinik im Verein mit der Medizinischen Klinik in Frankfurt unter Leitung von NONNENBRUCH angestellt hat, auch beteiligt gewesen. Die symptomatischen Psychosen, die bei den Lebererkrankungen beobachtet wurden, hatten doch ein besonderes Gepräge. Es ist nicht so, daß die psychischen Krankheitserscheinungen hier genau dieselben wären, wie etwa bei einer Nierenerkrankung, einer Urämie, oder sonst einer Erkrankung eines inneren Organs. Die symptomatischen Psychosen bei den Lebererkrankungen haben ihr besonderes Gepräge in der auffälligen Beteiligung des motorischen Systems. Wie Frl. ALBERT schon gesagt hat, sind es einmal, und zwar in den schwereren Fällen, die amyostatischen Symptome, besonders das, was als Parkinsonismus bezeichnet wird, Starrezustände und Zittern, in ganz schweren Fällen kommen auch choreatische Bewegungsstörungen vor. Bei anderen Fällen steht im Vordergrunde eine höhere Art von motorischen Störungen, die wir als die psychomotorischen bezeichnen. Psychomotorische Akinesen und gelegentlich auch psychomotorische Hyperkinesen werden beobachtet, die sich von den myostatischen Störungen dadurch unterscheiden, daß so grobe sinnfällige Erscheinungen wie Zittern und Chorea nicht auftreten, sondern sehr viel verwickeltere Bewegungsphänomene, wie wir sie von den Mitbewegungen, den Ausdrucksbewegungen und Triebhandlungen kennen, aber doch in einer abgeänderten Weise. Ebenso ist die psychomotorische Akinese durchaus zu unterscheiden von der Starre des Parkinsonismus. Niemals findet man bei der psychomotorischen Akinese einen richtigen Rigor, sondern eher einen nachgiebigen Widerstand, was ja als Flexibilitas cerea schon lange bekannt ist, und eine viel stärkere seelische Beeinflußbarkeit dieser Erscheinungen. Wenn man auf diese Dinge als Beobachter eingestellt ist, dann sieht man bei den symptomatischen Psychosen der Lebererkrankungen diese Besonderheiten der Motorik stärker hervortreten als bei vielen anderen Begleitpsychosen. Ich glaube doch, daß sich da besondere Affinitäten zwischen der Leber und dem Gehirn herausgestellt haben und speziell den Teilen des Gehirns, die für diese motorischen Erscheinungen verantwortlich sind. Und das sind die Stammganglien, besonders das Striatum und das Pallidum.

Vielleicht darf ich auch noch gleich eine Bemerkung anschließen zu den besonderen Eigentümlichkeiten des Stoffwechsels des Kleinhirns und der Stammganglien. Frl. ALBERT hat schon gesagt, daß das Kleinhirn einen solch erhöhten Bedarf hat. Das ist verständlich, denn das Kleinhirn garantiert die Gleichgewichtserhaltung, und das betrifft nicht nur das einfache Stehen und Gehen, sondern das Gleichgewicht ist ständigen Beanspruchungen ausgesetzt in jeder Haltung und bei jeder geringsten Bewegung. Dem muß das Kleinhirn in der feinsten Weise stets nachkommen. Nun kommen hinzu die Funktionen der Stammganglien. Ich habe bisher nur von den pathologischen Abweichungen dieser Funktionen gesprochen. Was ist aber ihre Normalfunktion? Diese Normalfunktionen sind mindestens ebenso bedeutungsvoll für unsere Bewegungen wie die des Kleinhirns. Denn es handelt sich um die Organe, die unsere automatischen Bewegungen dirigieren. Wenn Sie mich etwa jetzt als Beispiel nehmen, wenn ich vor Ihnen stehe und spreche, so sehen und hören Sie mich ja nicht nur mit meinem Sprachorgan in Bewegung, sondern Sie sehen meinen ganzen Körper sich bewegen, ohne daß ich das will. In diesem Augenblick z. B., da ich eine darbietende Bewegung mit den Händen machte. So geht das Spiel fortwährend, man kann gar nicht anders, je nach seinem motorischen Temperament. Ein Redner ist um so wirkungsvoller, je mehr sein Organismus es fertig bringt, das, was er sagt, auch in der Motorik angemessen zum Ausdruck zu bringen. Und das alles geschieht, ohne daß man es will. Sie sehen daraus, daß der Apparat, der die Automatismen unserer Motorik beherrscht, ungeheuer wichtig ist und daß er in jeder Sekunde des wachen Lebens tätig ist. Es ist daher begreiflich, daß er besonders empfindlich ist und leicht durch Mängel geschädigt werden kann.

KÜHNAU (Hamburg): Frl. ALBERT hat eben von den verschiedenartigen Mechanismen berichtet, von vom Zentralnervensystem ausgehenden Leberschädigungen und denen, die von der Leber ausgehen und das Gehirn schädigen. Es ist ja ganz sicher, daß vor allem vom diencephalen-hypophysären Apparat aus wichtige Einflüsse auf die Leber ausgeübt werden. Wir wissen, daß bei Hypophysektomie und Beseitigung auch des die Hypophyse umgebenden Gewebes Leberverfettung eintritt, so daß die Veränderungen im elektrophoretischen Blutplasma-Eiweißkörperbild nach Hypophysektomie fast die gleichen sind wie die, welche nach Lebercirrhose auftreten. Aber das erklärt natürlich nicht Veränderungen des extrapyramidalen Systems, der Wilson-Pseudosklerosegruppe. Hier müssen von der Leber ausgehende Störungen in der Eiweißsynthese irgend etwas mit der Entstehung der zentralen Symptome zu tun haben. Wir finden beim Wilson-Pseudosklerosesyndrom eine starke Vermehrung der Aminosäureausscheidung, die sich auf alle Aminosäuren erstreckt, wie man im papierchromatographischen Bild nachweisen kann. Es sind also Übergänge hier zu dem, was man in der Pädiatrie als Fanconisyndrom bezeichnet. Offenbar besteht hier eine Vergeudung der Aminosäuren, die nicht in normaler Weise zu Eiweiß aufgebaut werden können. Das ist möglicherweise der Grund, warum nun sekundär darauf aufbauend eine Störung der spezifischen Proteine des Zentralnervensystems, speziell des Gehirns auftritt. Ich könnte mir also denken, daß vielleicht die Untersuchung dieser spezifischen Störung des Eiweißstoffwechsels, die man bei der WILSONschen Krankheit und beim Parkinsonismus findet, weiterführt. Und damit hängt nun eine andere Störung zusammen. Das ist die des Kupferhaushaltes. Man findet immer stark vermehrte Kupferausscheidung bei Parkinsonismus, bei Paralysis agitans und bei Westphal-Pseudosklerose-artigen Erkrankungen. Wir haben in letzter Zeit in Hamburg bei einer ganzen Reihe derartiger Erkrankungen auch starke Erhöhung des Blutkupfergehaltes gefunden. Möglicherweise wird das Kupfer an ein spezifisches Protein in der Leber gebunden. KEGEL hat ja aus Leber ein solches Protein isoliert. Wir wissen andererseits auch, daß das Zentralnervensystem außerordentlich reich an Kupfer ist und daß es da auch spezifische Kupferproteide sind, die vielleicht irgendwie am Sauerstofftransport im Gehirn teilnehmen. Ich glaube also, daß da ein großer Komplex von Störungen vorliegt, der gleichzeitig an der Eiweißsynthese angreift und darüber hinweg an der Synthese kupferhaltiger Proteide. Dieser Formenbereich müßte weiter untersucht werden, um die Beziehungen zwischen Leber und Gehirn näher aufzuklären.

WEIL-MALHERBE: Man müßte in diesem Zusammenhang auch die Phenylketonurie erwähnen. Sie beruht ja wohl darauf, daß die Oxydation von Phenylalanin zu Tyrosin gehemmt ist. Und das Enzym, das für diese Oxydation verantwortlich ist, ist ausschließlich in der Leber zu finden. Nun hat man bei diesen Erkrankungen mit dem Hippursäuretest Leberstörungen gefunden. Diese Versuche wurden dann von mehreren Seiten wiederholt, aber mit negativem Resultat.

SCHNEIDER (Köln): Die von Herrn KLEIST betonte Sonderstellung des Striatums und Kleinhirns wird sich wahrscheinlich weniger in Unterschieden im Gesamtenergieverbrauch angeben lassen als in solchen qualitativer Natur. Es hat sich nämlich gezeigt, daß die Überlebenszeit des Striatums bei kompletter Ischämie, geprüft am Kriterium der elektrischen Spontanschwankungen, gleich ist wie die der Großhirnrinde, während die des Palaeocerebellum erheblich länger ist (GÄNSHIRT, DRANSFELD und ZYLKA, erscheint in Arch. f. Psychiatr.).

OPITZ (Kiel): Ich darf hierzu vielleicht noch etwas hinzufügen über die Beziehungen zwischen Capillarisierung und Gesamtumsatz eines Organs. Das Pallidum ist ja verhältnismäßig arm an Capillaren. Auch ist die in vitro gemessene Sauerstoffaufnahme im Pallidum sehr klein, etwa im vergleichbaren Versuch in der Rinde 2,8 oder 2,9, im Pallidum nur 0,6. Nur das Striatum scheint etwa in die Größenordnung der Rinde zu kommen. Zum Unterschied von SCHNEIDERs Befunden ist wieder sowohl der Sauerstoffverbrauch als auch die Capillarisierung der Kleinhirnrinde, wenigstens der neuen Kleinhirnrinde, am allerhöchsten. Also 1100 cm Capillaren in der Kleinhirnrinde gegen 800 in der Großhirnrinde und sehr viel weniger in den Stammganglien.

OSTERTAG (Tübingen): Die objektive Beurteilung der Beziehungen des Nervensystems zu den Stoffwechselorganen ist schon deshalb außerordentlich schwierig, da vielfach schon eine trophische Störung während der Entwicklung die Ausreifung und funktionelle Vollwertigkeit gewisser Organe beeinträchtigt. Am eklatantesten ist dies bei Unter- oder Fehlentwicklung des rostralen Zwischenhirns der Fall, wo dann sowohl die Hypophyse fehlt oder unterentwickelt ist und auch die Nebennieren fehlen oder hypoplastisch sein können. Außerdem wird dabei die Schilddrüse mit ihrem Einfluß auf den Leberstoffwechsel in Mitleidenschaft gezogen. Vom Gehirn ausgehende Stoffwechsel- und Regulationsstörungen haben häufig ihren Sitz im basalen Zwischenhirn, was wir sowohl bei der originären wie symptomatischen Pellagra kürzlich auch nach E-Schock-Behandlung feststellen konnten.

Zweifellos steht die Leber im Mittelpunkt des pathologischen Geschehens, wenn es sich um Auswirkungen auf das Gehirn handelt. Bei den Dystrophien in den Hungerjahren nach dem 1. Kriege, ebenso wie jetzt, kommt es bei primärer Lebermangelerkrankung (Leberdystrophie) auch zur Ausscheidung pathologischer Eiweiß-Substanzen nicht nur in den Subarachnoidalraum, sondern auch im Ventrikeldach; ebenso bei primären Leberschäden, wie z. B. beim chronischen Alkoholismus.

Während es gelang, mit unspezifischem Eiweiß eine Abdichtung der Gefäßinnenwand und Mobilisation des Retothels zu erzielen und damit die Toleranz gegen die Krampfdosis des Insulins bzw. Cardiazols erheblich zu steigern, kann mittels Trypsin und Hyaluronidase diese Schranke erheblich gelockert werden, so daß die Insulinkrampfdosis erheblich herabgesetzt ist oder bei hinzutretenden geringeren Schäden sowohl Leber wie Gehirn erkranken. Insbesondere gelingt es mittels der Hyaluronidase, die Blutliquorschranke zu durchbrechen, so daß sogar bei subcutaner Einverleibung von Farbstoff dieser in Liquorraum und Gehirn kommt. Es bleibt ein Problem, wie weit hierbei die entgiftende Funktion der Leber eine Rolle spielt, oder wie weit durch die Lebererkrankung die Permeabilität der Gefäße gelockert wird, oder ob diese Veränderungen gleichsinnig verlaufen.

Schneider: In unseren Versuchen hat sich gezeigt, daß die Blut-Hirnschranke gegenüber Trypanblau auch im schwersten einmaligen Sauerstoffmangel dicht bleibt. Bei mehrmaliger Wiederholung kann es zu einem Durchtritt des Farbstoffes kommen, aber nur dann, wenn Zerreißung von Capillaren eintrat. Mit Trypanblau prüft man also in Wirklichkeit nicht Permeabilität, sondern Fragilität der Capillaren. Man muß Farbstoffe heranziehen, die schon unter normalen Bedingungen eben gerade die Schranke passieren können. Mit solchen, z. B. mit Isochinolin-Derivaten, läßt sich nachweisen, daß die Durchlässigkeit der Schranke im Sauerstoffmangel verhältnismäßig früh erhöht wird.

Spatz: Das Gehirn hat ganz andere Permeabilitätsverhältnisse als die übrigen Körperorgane. Wenn man einem Tier im Laufe eines Tages sehr hohe Dosen Trypanblau ins Blut spritzt, dann wird es am Ende des Tages Krankheitserscheinungen zeigen und wenn man es dann tötet, findet man alle Blutgefäße injiziert. Es ist gerade besonders interessant, Leber und Gehirn zu vergleichen. In der Leber gelangt der Farbstoff aus den Gefäßen in das Gewebe und durchtränkt das ganze Parenchym diffus. Im Gehirn dagegen kann man den Farbstoff wohl reichlich in den Gefäßen nachweisen, das Gehirngewebe bleibt jedoch ungefärbt. Daraus sieht man, daß sich beide Organe grundsätzlich in der Permeabilität ihrer Capillaren unterscheiden.

Die vitale Trypanblaumethode ist nur einer von vielen Testen für die Permeabilität der Gehirngefäße. Sie ist sehr geeignet, das Bestehen der „Blutgehirnschranke" anschaulich zu demonstrieren, sie ist aber infolge der Konstanz dieser Schranke gegenüber dem Trypanblau zum Nachweis von Störungen der Permeabilität wenig geeignet. Hier gibt das von H. Becker und Quadbeck empfohlene Astraviolett bessere Möglichkeiten.

Spatz: *(Schlußwort):* Zum Abschluß möchte ich noch einmal hervorheben, daß auf dem Gebiete des Nervensystems Biochemie und Morphologie zu lange getrennt vorgegangen sind. Für die Zukunft ist von einer engen Zusammenarbeit von Vertretern beider Disziplinen noch viel zu erwarten.

MIX
Papier aus verantwortungsvollen Quellen
Paper from responsible sources
FSC® C105338

If you have any concerns about our products,
you can contact us on
ProductSafety@springernature.com

In case Publisher is established outside the EU,
the EU authorized representative is:
Springer Nature Customer Service Center GmbH
Europaplatz 3, 69115 Heidelberg, Germany

Printed by Libri Plureos GmbH
in Hamburg, Germany